汽车CAE工程师从入门到精通系列

U0156115

# JMAG

# 电机电磁

## 仿真分析与实例解析

陈天赠 张侃裕 张志金 袁登科 钟修林／编著

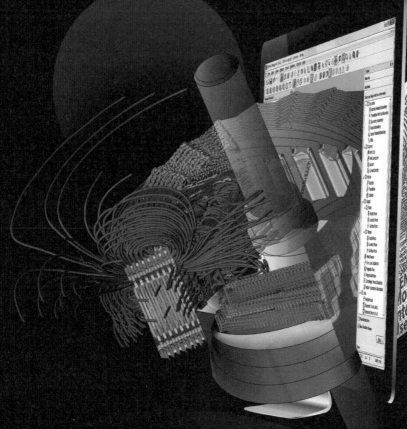

机械工业出版社
CHINA MACHINE PRESS

本书基于电磁场仿真软件JMAG全面阐述了永磁同步电机的关键仿真分析项目，内容包含电磁场仿真基础、低频电磁场仿真软件JMAG概述、JMAG-Designer重要仿真设置详解、JMAG永磁同步电机仿真、永磁同步电机动态数学模型、永磁同步电机参数化建模及仿真分析、永磁同步电机优化分析、永磁同步电机结构振动分析、JMAG软件在环仿真及分析。本书将理论与实践相结合，以理论辅助读者更好地理解仿真设置并进行结果分析，同时以仿真操作和分析来论证理论。读者在学会使用JMAG软件的同时还能够掌握电机研发过程中非常重要的仿真手段，并能够将操作分析应用到实际工程项目中。

本书适合自动化、电气工程及其自动化、电机电磁等相关专业的学生和教师使用，也适合汽车、压缩机等行业的相关工程技术人员参考。

**图书在版编目（CIP）数据**

JMAG 电机电磁仿真分析与实例解析 / 陈天赠等编著 . —北京：机械工业出版社，2021.8（2025.1 重印）
（汽车 CAE 工程师从入门到精通系列）
ISBN 978-7-111-68856-3

Ⅰ. ① J… Ⅱ. ① 陈… Ⅲ. ① 电机—计算机仿真 ② 电磁场—计算机仿真 Ⅳ. ① OTM306 ② 441.4

中国版本图书馆 CIP 数据核字（2021）第 155345 号

机械工业出版社（北京市百万庄大街 22 号 邮政编码 100037）
策划编辑：何士娟 责任编辑：何士娟 王 婕
责任校对：王明欣 责任印制：郜 敏
北京富资园科技发展有限公司印刷
2025 年 1 月第 1 版第 3 次印刷
184mm×260mm · 15.75 印张·380 千字
标准书号：ISBN 978-7-111-68856-3
定价：129.00 元

电话服务 网络服务
客服电话：010-88361066 机 工 官 网：www.cmpbook.com
 010-88379833 机 工 官 博：weibo.com/cmp1952
 010-68326294 金 书 网：www.golden-book.com
**封底无防伪标均为盗版** 机工教育服务网：www.cmpedu.com

JMAG 诞生于 1983 年。与其他众多计算机辅助工程（CAE）软件诞生于大学研究室再进行商业化的模式不同，JMAG 是一家与大学无关的民营公司在与顾客的不断交流中诞生的。也许这并不是一件特别值得一提的事情，但我认为，这作为 JMAG 的基因多少会影响到其性格。因为，对于我们来说，最优先的课题不是技术的突破，而是如何更好地支持客户的产品开发。这个初心至今没有改变过。

例如，在 20 世纪 80 年代末，虽然电磁场仿真技术的学术领域热点是三维仿真，但我们从与某个客户的相遇开始，就一直致力于电机的二维仿真技术开发，并没有贸然地加入三维仿真的技术突破队伍中去。当时，电机的二维仿真技术应该没有什么难点了。但是，如果往深处挖掘的话，比如转子旋转的滑动边界、齿槽转矩的计算精度等实用化的课题依然堆积如山，仿真还无法再现实际产品的特性。我们在知道教科书的理论和实际应用之间存在着高墙的同时，通过自研技术解决了这些问题并积累了电机仿真的技术。然而，电机在漫长的历史中也确立了设计理论，除了大型发电机外几乎没有出现有限元仿真（Finite Element Analysis，FEA）的需求。因此，当时电机并不是 FEA 的主流对象。尽管如此，只要建模正确，FEA 就可以精准预测理论无法处理的齿槽转矩等问题，让世人感觉到了 FEA 的前景。

然而，进入 20 世纪 90 年代后，空调和混合动力汽车等领域内电机的再次兴起使得情况发生了转变。电机的种类也从感应电机和有刷电机变成永磁电机。然后，内置式永磁（Interior Permanent Magnet，IPM）电机成为主流，并且 FEA 在此时也成为必备工具。这时，我们在此之前培养的技术就变得非常有用，JMAG 的应用场景也得到了飞跃性的扩张。我们以当时开发高效率、高输出电机的优秀工程师为中心设立了用户团体，这也决定了 JMAG 未来的方向。例如，作为 JMAG 擅长领域之一的损耗仿真技术是 20 世纪 90 年代末为了提高高效率电机的性能而开始研发的。又例如，用于 MIL · HIL（Model-in-the-Loop · Hardware-in-the-Loop）中的高精度模型（JMAG-RT）是在 21 世纪初，开发电机控制器的用户提出了"想要把 JMAG 用于实时仿真中"这种要求而开始的。

另一方面，现在 JMAG 强项之一的三维仿真功能是通过感应加热仿真得到大幅飞跃的。故事要追溯到 20 世纪 90 年代初期，当时的商用代码中很早地加入了边界元和 CG 求解器的组合，实现了高速计算。这被感应加热装置的制造商发现并开始使用。但是在感应加热的计算中，有必要正确地计算铁表面产生的涡流分布，同时也需要考虑温度的依存性。JMAG 的高速求解器和多功能化开发就是在这个时候开始的。经过了一段时间，电机的设计在需要三维仿真和多功能化开发时，JMAG 之前积累的技术就开始起作用了。比方说，为了准确地预测电机的效率，除了铁损之外，还需要精确地计算磁钢和机壳上产生的涡流，这与之前感应加热仿真需求近似。当时 JMAG 的开发重心之所以毫不犹豫地转移到三维仿真中，是因为我们有了之前感应加热的经验。当然，除此以外还需要进一步提高仿真速度。2000 年下半年，有用户提出"希望速度加快 10 倍"的需求，我们便开始进行并行求解器的开发，现在的计算速度已经提高了 100 多倍了。

像这样在与客户的交流中开始的技术开发、发展和融合，支撑着现在的 JMAG。最近，除了高速、高精度的仿真外，JMAG 还强化了包括拓扑优化在内的优化功能。我认为，在迄今为止的混合动力汽车（Hybrid Vehicle，HV）、纯电动汽车（Electric Vehicle，EV）等电动化转型过程中，原本作为机械设计者的汽车制造商在电机这款电气设备的开发上已经十分成功了。在此背景下，通过仿真可以大幅缩短原本设计＋试制＋试验需要的时间。今后，传统的设计技术将被优化技术所取代，而熟练运用优化技术的公司将获得这个领域内的技术领导力。

JMAG 在 2003 年进入中国，从那时开始，一直由艾迪捷公司提供给中国市场上的各位用户，现在也有幸被众多制造商所使用。公司每年秋天都会举办用户见面会，以进行高水平的讨论，我每年都很期待参加用户见面会。中国用户给我的感觉是很少拘泥于传统的方法论，善于随机应变，具有挑战精神并且精力旺盛。因此，对于软件开发方来说，中国用户提出的有难度的要求也不少。不过，这样的用户声音对于 JMAG 的开发来说是非常重要的输入，JMAG 的成长食粮就是用户严苛的要求。

艾迪捷公司长年从事 JMAG 顾客支持工作，他们组织编写本书的目的，是给予仿真电气设备用户更为全面的指导。其内容不仅仅是 JMAG 的功能和使用方法，对于电磁场仿真的基础、具体的建模、领先的话题、多功能性、控制联合等都有相关的介绍。本书内容不仅实用性较强，而且对于读者在今后提高电磁场仿真领域的技能也有很大的帮助。

如果在不久的将来，能通过本书与对 JMAG 感兴趣的人相遇、聊天，对我来说就没有比这更好的事情了。

JMAG 原厂 JSOL Corporation
JMAG Division
CTO 山田隆
2020 年 8 月

从第一次工业革命的蒸汽化，第二次工业革命的电气化，到第三次工业革命分化为自动化和信息化两个支路，再到今天自动化和信息化重新整合，诞生了数字化。CAE 仿真技术伴随着数字化的发展而不断进步。

近年来，随着计算机技术的普及和计算速度的不断提高，CAE 分析技术在工程设计中得到了越来越广泛的应用。在工程应用中的诸多领域，采用 CAE 仿真的方法不仅能够降低生产成本，缩短产品研发周期，而且能够保证产品的可靠性。CAE 分析技术对传统试验的替代，大大促进了设计研发的效率。因此，随着电子计算机与科学技术的发展，各种 CAE 方法越来越重要。

JMAG 是由日本 JSOL 公司开发的功能齐全、应用广泛的电磁场分析软件。该软件可以对各种电机及电磁设备进行精确的电磁场分析，为用户设计开发提供帮助，缩短产品的开发周期，取得竞争优势。

艾迪捷信息科技有限公司（IDAJ Co., Ltd，简称 IDAJ）是 JMAG 在中国的独家代理商。IDAJ 于 1994 年成立于日本横滨，是亚太地区较大的计算流体动力学（CFD）、仿真技术咨询、综合 CAE/CFD 软件销售和技术服务商之一。公司主营业务为：为日本、中国、韩国、英国等国提供 CAE 咨询服务，以及代理销售英国、美国、德国、日本等世界一流的 CFD/CAE 软件。经过多年的发展，公司目前已在横滨总公司之下开设了神户、名古屋、北京、上海分公司及英国办事处。

本书以电机为基本模型，阐述了电磁场仿真基础、低频电磁场仿真软件 JMAG 概述、JMAG-Designer 重要仿真设置详解、JMAG 永磁同步电机仿真、永磁同步电机动态数学模型、永磁同步电机参数化建模及仿真分析、永磁同步电机优化分析、永磁同步电机结构振动分析、JMAG 软件在环仿真及分析，内容丰富翔实，适合自动化、电气工程及其自动化、电机电磁等相关专业的学生、老师以及工程师等参考阅读。

艾迪捷信息科技（上海）有限公司
中国区总经理
韩海
**2020 年 8 月**

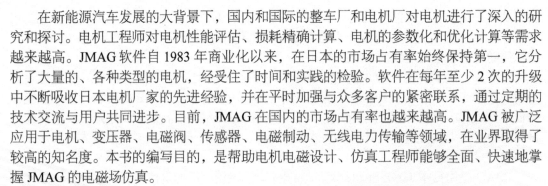

前　言

　　在新能源汽车发展的大背景下，国内和国际的整车厂和电机厂对电机进行了深入的研究和探讨。电机工程师对电机性能评估、损耗精确计算、电机的参数化和优化计算等需求越来越高。JMAG 软件自 1983 年商业化以来，在日本的市场占有率始终保持第一，它分析了大量的、各种类型的电机，经受住了时间和实践的检验。软件在每年至少 2 次的升级中不断吸收日本电机厂家的先进经验，并在平时加强与众多客户的紧密联系，通过定期的技术交流与用户共同进步。目前，JMAG 在国内的市场占有率也越来越高。JMAG 被广泛应用于电机、变压器、电磁阀、传感器、电磁制动、无线电力传输等领域，在业界取得了较高的知名度。本书的编写目的，是帮助电机电磁设计、仿真工程师能够全面、快速地掌握 JMAG 的电磁场仿真。

　　第 1 章阐述了电磁场仿真中基础的物理学知识及电磁场仿真的基本概念。在此基础上，本章介绍了 JMAG 软件中建模的思路、要点以及相关的设定知识，并在最后提出了常用的仿真结果检查方法。

　　第 2 章主要对 JMAG 的模块、界面、仿真流程、帮助与自学系统进行了介绍。本章能够让读者对 JMAG 有一个初步的认识，并为后续的学习打好基础。

　　第 3 章介绍了 JMAG 仿真的重要设置及相关概念。针对求解目标不同，JMAG 划分了 Study 的种类。用户可以根据需求选择合适的 Study 类型。本章还将对网格设置的一些重要功能进行详解，合理地使用这些功能可以在减少计算量的同时提升计算精度。最后，本章介绍了 JMAG 中的求解器设置。

　　第 4 章以永磁同步电机为例，描述了基于 JMAG 的电磁场仿真建模操作过程和分析过程，包括永磁同步电机的几何建模、约束设置、模型导入、材料设置、条件设置、网格设置、步分辨率设置等，帮助读者掌握 JMAG 的仿真流程。

　　第 5 章以第 4 章为基础，描述了永磁同步电机的物理模型，然后建立其静止坐标系下的动态数学模型。为了简化数学模型，引入了几种常用的坐标系和坐标变换矩阵，得到了 $dq$ 坐标系下的动态数学模型，最后对电机的参数进行了举例和简要说明。第 4 章和第 5 章能够帮助读者更好地理解电机的物理模型和数学模型的含义和关系，更好地理解电机的原理和特点。

　　第 6 章以第 4 章的永磁同步电机为基础模型，提出了永磁同步电机三种类型的参数化方法和流程，包括仿真设定参数、几何参数和材料特性参数。本章能够帮助读者全面掌握 JMAG 的参数化步骤和方法，同时为电机的优化打下基础。

　　第 7 章在第 6 章参数化的基础上介绍了永磁同步电机优化的步骤、设置参数的含义，帮助读者掌握 JMAG 中电机优化的思路、方法和操作步骤。此外，本章还提供了 modeFRONTIER 搭配 JMAG 的电机自动优化流程。该流程在日本的电机设计中应用广泛。

modeFRONTIER 作为一款优化软件，拥有大量的优化算法，可以覆盖各种优化问题并实现高效寻优。该软件强大的数据挖掘功能将优化后的大量数据转换成设计者的知识及经验，为后续产品的开发奠定基础。同时，作为一款电磁场仿真软件，JMAG 精确、高速的计算为优化的精度及速度提供了保障。

电机的噪声、振动与声振粗糙度（NVH）是在电机研发、设计、测试过程中都需特别关注的指标。本书第 8 章详细介绍了 JMAG 关于结构振动噪声的分析方法和操作步骤，为电机工程师提供了 NVH 的仿真分析方法。

近年来，随着工程师对电机的损耗计算精度要求越来越高，基于模型的设计（MBD）的实现被提上了日程，因此，考虑脉冲宽度调制（PWM）谐波的损耗分析以及实现控制的动态分析显得尤为重要。第 9 章介绍了基于 JMAG-RT 和 Simulink 的软件在环仿真流程。JMAG-RT 通过有限元计算生成虚拟的电机模型，能够考虑到槽谐波、磁饱和等数学模型无法考虑的现象，因此模型精度高，可以实现高精度分析电机的动态特性及计算 PWM 谐波的损耗，比如铁损、磁钢涡流损耗和绕组的交流损耗等。

本书提供的操作步骤虽然考虑了软件版本的通用性，不过用户最好选择 JMAG V16.1 之后的版本。

本书主要由艾迪捷信息科技（上海）技术有限公司低频电磁团队编写，由中国区技术总监钟修林先生和陈天赠先生负责统稿。其中，张侃裕负责编写第 1 章、第 3 章和第 7 章中 JMAG 与 modeFRONTIER 联合优化的内容，张志金编写第 2 章和第 9 章中 JMAG-RT 部分的内容，钟修林编写第 4 章，陈天赠编写第 6 章、第 8 章和第 7 章中 JMAG 优化的内容，同济大学的袁登科老师编写第 5 章和第 9 章中 Simulink 软件在环内容，南京航空航天大学的姜文颖老师对本书第 1 章进行审核，林苏对全书进行了整理。最后，感谢艾迪捷信息科技（上海）技术有限公司董事长徐锦胄先生、中国区总经理韩海先生以及 JMAG 商务负责人姚海兰女士对本书编写给予的大力支持。

由于作者水平有限，书中难免存在有一些错误和不妥之处，望广大读者批评指教。

**编著者**

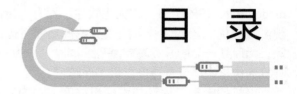

# 目　录

## 1.1 电磁场仿真的背景

近年来，在设计流程中，计算机辅助工程（Computer Aided Engineering，CAE）/ 计算机辅助设计（Computer Aided Design，CAD）技术越来越普及。以前的 CAE 是一门拥有较高门槛的技术，只有仿真专家才能胜任。近几年，随着计算机的性能和分析技术的改进，CAE 软件的易用性得到了很大的提高，应用日益普遍。在设计流程中，各种仿真技术也与原型机试制试验紧密结合在一起。

尤其是电磁场仿真，我们可以通过 CAE 软件仿真出原本不可见的电磁场的分布，再结合电磁理论对磁路设计进行改进。因此电磁场仿真对于产品的设计有极大的帮助。

本章将先介绍电磁学，它是电磁场仿真的基础；之后再结合仿真条件，使读者可以更好地理解一些仿真条件背后的物理意义。此外，本章也会介绍电磁场有限元仿真的入门知识，描述一些如何从 CAD 模型建立仿真模型的思路以及与之相关的 JMAG 设定的详细含义。

## 1.2 电磁学基础

首先，对于任何 CAE 软件而言，仿真本身并不是目的，真正的目的是通过正确的仿真得到优质的设计。因此，我们首先需要确定我们的仿真是正确的，是能够反映真实物理现象的。其次，我们还需要在仿真后能够对仿真结果进行充分、详细的分析。

了解电磁学的理论知识，能够帮助我们加深对仿真方法的理解，从而比较深入地理解输入条件并且能够对结果进行详细的分析，最终实现优质的设计。

下面将对 JMAG 仿真中相关的电磁学理论进行简单的介绍，对这些内容十分熟悉的读者可以跳过本节内容。

### 1.2.1 基本方程

有限元仿真中，最核心的思想就是将连续的模型分割成一个个网格进行离散化，通过基本方程计算这些网格上的值，再整合出整体的计算结果。而对于 JMAG 这款低频电磁场仿真软件而言，最核心的基本方程有麦克斯韦方程组和材料方程。

1. 麦克斯韦方程组（Maxwell's equations）

麦克斯韦方程组是英国物理学家詹姆斯·克拉克·麦克斯韦在 19 世纪建立的一组描述电场、磁场与电荷密度、电流密度之间关系的偏微分方程。它由 4 个方程组成：描述电荷如何产生电场的高斯定律、论述磁单极子不存在的高斯磁定律、描述电流和时变电场怎样产生磁场的麦克斯韦 - 安培定律、描述时变磁场如何产生电场的法拉第感应定律。

JMAG 中定义的麦克斯韦方程组由以下 4 个公式组成：

$$\nabla \times \boldsymbol{H} = \boldsymbol{J}_0 + \boldsymbol{J}_c + \frac{\partial \boldsymbol{D}}{\partial t} \qquad (1\text{-}1)$$

$$\nabla \times \boldsymbol{E} = -\frac{\partial \boldsymbol{B}}{\partial t} \tag{1-2}$$

$$\nabla \cdot \boldsymbol{B} = \boldsymbol{O} \tag{1-3}$$

$$\nabla \cdot \boldsymbol{D} = \rho \tag{1-4}$$

式中，$\boldsymbol{B}$ 是磁通密度（T）；$\boldsymbol{D}$ 是电位移矢量；$\boldsymbol{H}$ 是磁场强度（A/m）；$\boldsymbol{J}_0$ 是强制电流密度（A/m$^2$）；$\boldsymbol{J}_c$ 是传导电流密度（A/m$^2$）；$\boldsymbol{E}$ 是电场强度（V/m 或 N/C）；$\rho$ 是电荷密度（C/m）。

式（1-1）与我们常见的公式不同，电磁场有限元仿真中通常会分别列出 $\boldsymbol{J}_0$ 和 $\boldsymbol{J}_c$。其中 $\boldsymbol{J}_0$ 代表的是强制电流密度，指的是仿真中用户指定的输入电流密度，因此称之为"强制"电流密度。$\boldsymbol{J}_c$ 指的是传导电流密度，是指在电场作用下，自由电子在导体中运动产生的电流密度，在仿真中通常指的是涡流。

### 2. 材料方程

除了麦克斯韦方程组以外，材料方程也是十分重要的。借助这些方程，JMAG 可以把用户设定的材料参数（介电常数、$\boldsymbol{B\text{-}H}$ 曲线等）考虑到有限元仿真中。

$$\boldsymbol{B} = \mu \boldsymbol{H} \tag{1-5}$$

$$\boldsymbol{J}_c = \sigma \boldsymbol{E} \tag{1-6}$$

$$\boldsymbol{D} = \varepsilon \boldsymbol{E} \tag{1-7}$$

式中，$\boldsymbol{B}$ 是磁通密度（T）；$\mu$ 是磁导率；$\boldsymbol{H}$ 是磁场强度（A/m）；$\boldsymbol{J}_c$ 是传导电流密度（A/m$^2$）；$\sigma$ 是电导率；$\boldsymbol{E}$ 是电场强度（V/m 或 N/C）；$\varepsilon$ 是介电常数；$\boldsymbol{D}$ 是电位移矢量，也称为电通量密度。

## 1.2.2　电流与磁场的关系

电磁学，顾名思义是电与磁的学科。我们都知道，有电流 $I$（A）的地方就会有磁场，而描述磁场强弱和方向的物理量就是磁通密度 $B$（T），电流与磁通密度的关系满足右手螺旋定律，如图 1-1 所示。

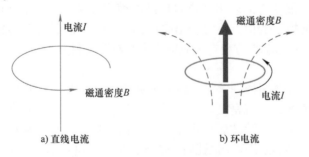

a) 直线电流　　　　　　　　b) 环电流

图 1-1　电流与磁通密度的关系

## 1.2.3　磁铁与磁性材料

如图 1-2 所示，环电流叠加形成线圈，最终形成右侧的磁通密度。这也是通常所说的电磁铁的原理。

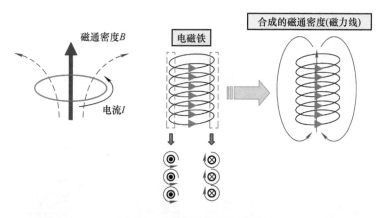

图 1-2　环电流叠加形成线圈

### 1. 安培分子电流假说

磁铁的原理如图 1-3 所示。安培认为在原子、分子等物质微粒的内部，存在着一种环形电流——分子电流，使每个微粒成为微小的磁体，分子的两侧相当于两个磁极，最终在宏观视角下形成了磁铁。分子电流的起因是原子内部电子的运动，因此磁铁的磁场其实与电流的磁场一样，其本质都是由电荷的运动产生的。通过 JMAG 的仿真结果（图 1-4）可以看出，单从磁场来看，线圈产生的磁场和磁铁产生的磁场没有什么区别，在电磁场仿真中我们可以认为它们是同样的模型。

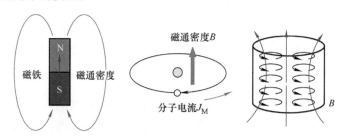

图 1-3　磁铁的原理（安培分子电流假说）

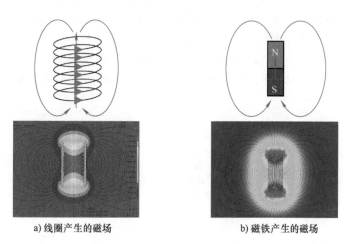

a) 线圈产生的磁场　　　　　　　　b) 磁铁产生的磁场

图 1-4　线圈产生的磁场与磁铁产生的磁场对比

**2. 磁化**

此外，我们通常会使一些不具有磁性的物质获得磁性，这种行为通常被称为磁化。图 1-5 所示为磁畴磁化的过程，杂乱无章的磁畴会因为外部磁场作用而排列整齐，最终形成具有磁性的磁体。反映磁体磁性强弱程度的物理量被称为磁化强度 $M$（A/m）。很多工程师只关心磁通密度和磁场的关系，而忽视了磁化强度和磁场的关系。我们会在后面介绍为什么需要考虑磁化强度和磁场的关系（$M$-$H$ 曲线）。

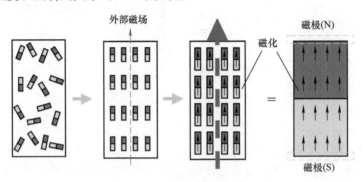

图 1-5　磁畴磁化的过程

磁通密度 $B$（T）、磁化强度 $M$（A/m）和磁场强度 $H$（A/m）之间的关系为

$$H = \frac{B}{\mu_0} - M \left( = \frac{B}{\mu_0 \mu_r} \right) \tag{1-8}$$

式中，$H$ 是磁场强度（A/m）；$B$ 是磁通密度（T）；$\mu_0$ 是真空磁导率；$\mu_r$ 是相对磁导率；$M$ 是磁化强度（A/m）。

**3. 磁饱和**

我们可以发现，向磁性材料施加磁场时，产生的磁通密度的大小由磁导率所决定。较大的磁导率，使得少量的磁场（电流、磁化）产生大量的磁通密度。然而，由于导磁材料物理结构的限制，磁化强度无法无限增大，会保持在一定的数量下。我们称这个现象为磁饱和。此处需要强调的是，饱和时无法无限增大的不是磁通密度 $B$，而是磁化强度 $M$。根据式（1-8），只要 $H$ 增加，$B$ 就会增加。即便是饱和的情况下，也仅仅是 $M$ 不再增加，而 $B$ 会按照磁场和真空中磁导率的关系不断增加。因此，真正饱和的是磁化强度 $M$，如图 1-6 所示。从图中可以看出，随着 $H$ 的增加，$M$ 会达到一个稳定状态，此时斜率为 0。所以说常见的 $B$-$H$ 曲线，在饱和状态下都是向右上方斜向增加的，而不是水平的（水平的是磁化强度 $M$）。

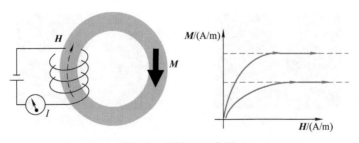

图 1-6　磁饱和示意图

### 4. 磁滞回线

如果把磁性材料放入磁场中进行磁化，再将磁场去除会发生什么？在将磁场施加到磁性材料之后，即便是把磁场减小，也无法回到原始磁化曲线。在增加磁场之后减小磁场，磁化会减小，但是减小时的路径与增加时的路径不同，并且即使去除磁场，磁性材料也会保持磁性。例如，将螺钉旋具放在磁铁上来回摩擦后，即使移除了磁铁，螺钉旋具也会吸引螺钉。换句话说，接下来的 **M-H** 曲线上的位置不仅取决于当前位置，还取决于之前磁化的路径，这种特性称为磁滞。磁滞曲线如图 1-7 所示。

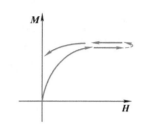

图 1-7　磁滞曲线

不妨思考下，如果施加反向磁场，然后撤销反向磁场，再施加正向磁场，如此循环会怎么样？如图 1-8 所示，充、去磁路径形成闭环，该曲线被称为磁滞回线。磁滞回线是引起电气设备产生损耗的重要原因，其本质是上文所提到的磁畴在改变方向及畴壁移动时消耗能量，这部分能量即是损耗。可以证明，磁滞回线所包围的面积正比于在一次循环磁化中的能量损耗。

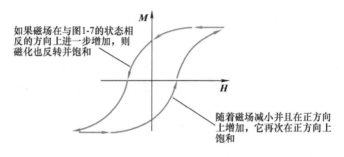

图 1-8　磁滞回线

需要根据磁场改变的磁化状态（工作点）改变跟随的轨迹来绘制复杂的小回环。如图 1-9 所示，原点开始的轨迹是初始磁化曲线，代表的是由未充磁状态充磁至饱和的过程。外侧曲线是主要循环，它是施加 **H** 到最大值使得 **B** 达到饱和的磁滞回线轨迹。而内侧曲线是主要循环以外的轨迹。此外，当施加到磁性材料的外部磁场的频率改变时，主要循环的轨迹也会改变，如图 1-10 所示。

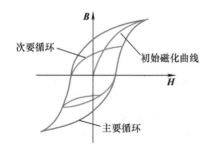

图 1-9　磁滞回线的主要循环、次要循环和
　　　　　初始磁化曲线

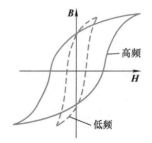

图 1-10　磁场频率对循环的影响

### 5. 硬磁性材料

在磁化后能长久保持磁性、不容易失去磁性的材料被称为硬磁性材料。硬磁性材料和软磁性材料的最大区别就是矫顽力 $H_c$ 的不同，软磁性材料的矫顽力通常为 10 ~ 1000A/m，硬磁性材料通常为 10000A/m 以上。硬磁性材料通常也被称为永磁体，它不易失磁，也不易被磁化。软磁材料与硬磁材料的具体区别如图 1-11 所示。

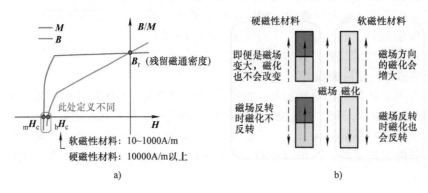

图 1-11　硬磁性材料与软磁性材料的区别

### 6. 退磁

若加热永磁体至居里温度以上，或将其置于反向高磁场强度的环境中时，永磁体的磁性会减少或消失，这种现象被称为退磁。当外加反向磁场强度大于拐点所对应的磁场强度，便会导致不可逆退磁。不可逆退磁是指磁铁的残留磁通密度变小，磁化强度变弱。越过拐点的不可逆退磁，即便是再度磁化也无法恢复到原来的状态，如图 1-12 所示。这与弹簧的弹性变形与塑性变形类似，当变形量超过某个阈值之后，状态就不可逆转了。

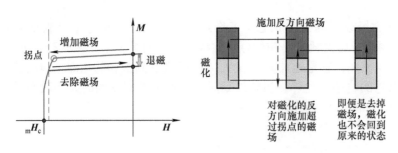

图 1-12　退磁现象

### 7. 热退磁

此外，对于退磁而言，温度也是一个十分重要的参数。即使在低温下没有超过拐点，但温度升高可能会导致热退磁。一旦发生热退磁，即使永磁体返回到低温，也无法恢复到原来的磁性能，即发生不可逆退磁。如图 1-13 所示，蓝色线表示低温，黄色线表示高温。在低温情况下，施加反向磁场，磁化状态（工作点）并不会超过拐点，但是在高温状态下则会超过拐点引起热退磁。

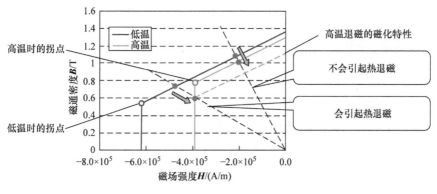

图 1-13　热退磁

## 1.2.4　电磁感应与涡流

介绍完磁铁与磁性材料的相关知识之后，本节将介绍电磁铁的一些知识。

### 1. 电磁感应

电磁感应是指放在变化的磁通量中的导体会感应出电动势，此电动势被称为感应电动势（感生电动势）。若将此导体闭合成一回路，则该电动势会驱使电子流动，从而形成感应电流（感生电流）。如图 1-14 所示，当下方电路的开关打开时，灯泡会闪烁一下；当开关合上时，灯泡也会闪烁一下。

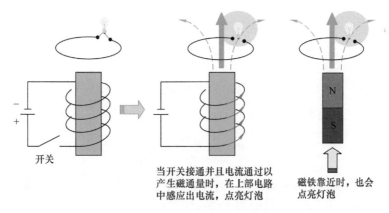

图 1-14　电磁感应开关小灯泡试验

在电磁感应中，法拉第电磁感应公式是十分重要的，即

$$V_{\text{emf}} = -\frac{\mathrm{d}\Phi}{\mathrm{d}t} \tag{1-9}$$

式中，$V_{\text{emf}}$ 是指电动势（Electromotive Force），即感应电压（V）；$\Phi$ 是磁通量（Wb），即通过线圈的磁通；$t$ 是时间（s）。

磁通量可以表示为磁场在曲面面积上的积分，单位为韦伯（Wb），如图 1-15 所示。其计算公式为

$$\Phi = \int_s \boldsymbol{B} \cdot \boldsymbol{n} \mathrm{d}S \qquad\qquad (1\text{-}10)$$

式中，$\Phi$ 是磁通量（Wb）；$\boldsymbol{B}$ 是磁通密度（T）；$S$ 是线圈面积（$\mathrm{mm}^2$）；$\boldsymbol{n}$ 是在面积 $S$ 上的法线矢量。

$\boldsymbol{n}$: $S$ 上的法线矢量

$S$: 线圈面积

图 1-15　磁通量的定义

### 2. 电感

电感是一个十分重要的参数。如图 1-16 所示，线圈中流过电流 $I$，产生磁通 $\Phi$。而磁通 $\Phi$ 和电流 $I$ 成比例，并满足式（1-11）。其中 $L$ 就是电感，单位为亨利（H）。

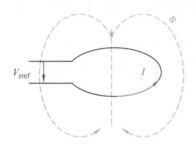

图 1-16　线圈中流过电流

$$\Phi = LI \qquad\qquad (1\text{-}11)$$

式中，$\Phi$ 是磁通量（Wb）；$L$ 是电感（H）；$I$ 是电流（A）。

此时，电磁感应的方程可以写为

$$V_{\mathrm{emf}} = -\frac{\mathrm{d}\Phi}{\mathrm{d}t} = -L\frac{\mathrm{d}I}{\mathrm{d}t} \qquad\qquad (1\text{-}12)$$

式中，$V_{\mathrm{emf}}$ 是电动势（Electromotive Force），即感应电压（V）；$\Phi$ 是磁通量（Wb）；$L$ 是电感（H）；$I$ 是电流（A）；$t$ 是时间（s）。

### 3. 自感与互感

电感是闭合回路的一种属性，即当通过闭合回路的电流改变时，会产生电动势来抵抗电流的改变，这种形式的电感被称为自感（图 1-17a），它是闭合回路自身的属性。假设一个闭合回路的电流改变，由于在另一个闭合回路感应出电动势，这种电感称为互感（图 1-17b）。也可以说，电感是流过某个线圈的电流产生的与自身或另一个线圈相互连接的磁通能力的一个指标。

如图 1-18 所示，对于电感较大的电路，施加电压后产生的电流响应会有延迟。电流延迟 $\tau$ 是根据线圈的电感 $L$ 和电阻 $R$ 的比例来决定的。如果使用带铁心的线圈，那么相同的电流会获得更大的磁通，这说明带铁心线圈的电感会更大。

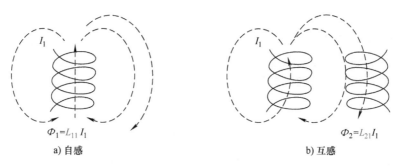

a) 自感

b) 互感

图 1-17 自感与互感

$$\tau \sim \frac{L}{R} \qquad (1-13)$$

式中，$\tau$ 是电流延迟；$L$ 是电感（H）；$R$ 是电阻（Ω）。

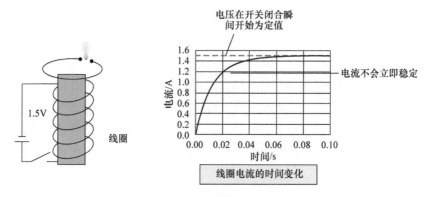

图 1-18 因电感引起的电流延迟

4. 涡流

电磁铁和小灯泡的例子相同，当钢板或铜块之类的导体处于随时间变化的磁通时，导体内会产生电流，也就是涡流。金属中的传导电流与电场的关系如下

$$J_c = \sigma E \qquad (1-14)$$

式中，$J_c$ 是传导电流密度（A/m²）；$\sigma$ 是电导率；$E$ 是电场强度（V/m 或 N/C）。

如图 1-19 所示，涡流产生的磁通对输入的磁通有屏蔽的效果。

被屏蔽的磁通
不随时间变化的磁通

涡流　　　　　　　导体

从外部穿过磁通的情况

图 1-19 涡流屏蔽

5. 趋肤效应

趋肤效应是涡流集中在导体表面的效应，如图 1-20 所示。导体中电流密度减小到导体截面表层电流密度的 1/e 处的深度为集肤深度 δ，计算公式见式（1-15）。对于半无限导体，其涡流的分布是从表面开始向内部呈指数减少。

$$\delta = \sqrt{\frac{2}{\omega\sigma\mu}} \tag{1-15}$$

式中，δ 是集肤深度；ω 是角频率（rad/s）；σ 是电导率；μ 是磁导率。

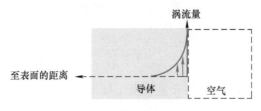

图 1-20　趋肤效应

## 1.2.5　磁路

磁路即磁通通过的路径。磁路预测中最值得关注的一点是软磁材料相比空气更容易导磁，因此如果存在软磁材料，则磁通会被引导在软磁材料中，而在软磁材料外侧的地方，磁通就不易通过，从而起到屏蔽的效果。如图 1-21 所示，如果磁铁周围没有软磁材料那么磁铁左侧画圈处就会有磁通流过；如果磁铁周围有软磁材料，那么左侧画圈处就没有磁通流过。

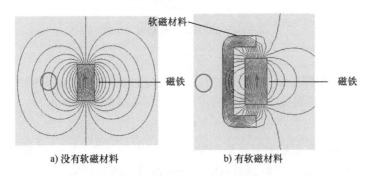

a) 没有软磁材料　　　　　　b) 有软磁材料

图 1-21　有无软磁材料时磁铁的磁力线分布

## 1.2.6　电磁力

诸如电动机和电磁铁等许多磁性装置，都在积极地使用电磁力。本节将介绍各种引起电磁力的原因，并且会说明 JMAG 中电磁力设定的区别及使用场景。

1. 导体上的力

运动电荷在磁场中所受到的力称为洛伦兹力，即磁场对运动电荷的作用力。从场的角度来说，弯曲的磁力线有会自动拉直的倾向，如图 1-22 所示。JMAG 中的 [Lorentz Force] 就是用于计算洛伦兹力的条件。通过洛伦兹力的定义可知，该条件适用于计算磁场中导体所受的电磁力，并不能用于计算磁性材料上的电磁力。

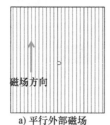 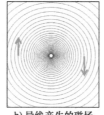 

a) 平行外部磁场      b) 导线产生的磁场      c) 合成磁场

图 1-22 平行场中导线的洛伦兹力

### 2. 作用于磁场中磁铁的力

如图 1-23 所示，磁铁的磁场与外部磁场相互叠加，形成合成磁场。此时，可以想象合成磁场的磁力线向两侧拉伸，以此来预测电磁力的方向。在 JMAG 中，可以通过 [Nodal Force] 节点力条件来进行计算。节点力是通过有限元分析中的有限元节点的结果来推导整个部件的作用力。相比于上述洛伦兹力而言，它的应用范围更广，常见磁性材料的受力都可以用节点力条件来计算。但是，由于它是基于有限元节点推导的，所以会因为有限元网格的划分而产生不同的结果。因此，在使用节点力条件的计算中，合理地划分网格十分重要。

 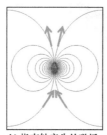 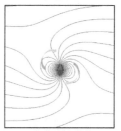

a) 外部平行磁场      b) 指南针产生的磁场      c) 合成磁场(耦合)

图 1-23 磁场中磁铁的力

### 3. 表面上的力

表面力其实并不是某一种物理现象引起的力，而是通过麦克斯韦应力张量理论的一种电磁力计算方法。在 JMAG 中，[Surface Force] 对应的就是这种计算方法。它是通过计算经过某个表面上的磁通密度来进一步计算出电磁力的，就好像在电机的 NVH 分析中，我们经常会通过仿真计算出气隙处的磁密，再通过式（1-16）算出电磁力。

$$F_r \approx \frac{B_r^2}{2\mu_0} \qquad (1-16)$$

式中，$F_r$ 是径向电磁力（N）；$B_r$ 是径向磁通密度（T）；$\mu_0$ 是真空磁导率。

之所以使用这种方法，是因为电机定子内侧是由齿和槽口组成的，如果通过节点力计算，则无法提取出连续的电磁力（槽口处为空气，电磁力为 0）。通过表面力方法则可以观察到电机气隙部分的磁力线和力，并且可以看到空气中电磁力的相互排斥、吸引或者推动，如图 1-24 所示。

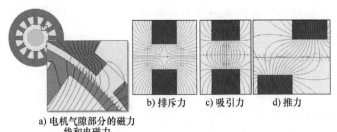

a) 电机气隙部分的磁力
线和电磁力

b) 排斥力　　c) 吸引力　　d) 推力

图 1-24　表面力的特征

然而，表面力需要画出计算面，计算面的选取对计算精度有非常大的影响。通常我们并不推荐 JMAG 用户使用表面力进行计算，因为如何选择计算面是一个很复杂的问题。如图 1-25a 所示，将铁块和磁铁放在一起，在铁块外侧取多个不同的计算面，它们与铁块表面的距离各不相同。如图 1-25b 所示，通过仿真求得的作用于铁块的力会因计算面到铁块表面距离的不同而不同。也就是说，计算面的选取会导致计算结果的不同。如果计算面选取不当（如距离铁块表面 0mm 或 0.5mm），那么计算结果偏差就会偏大。

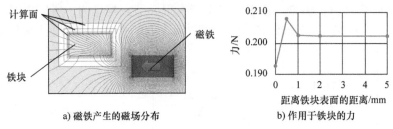

a) 磁铁产生的磁场分布

b) 作用于铁块的力

图 1-25　计算面选择的影响

考虑到大部分用户都会有"如何选择合适的方法？"这个问题，本节将直观地对 JMAG 中 3 种电磁力的计算方法进行对比，详见表 1-1。

表 1-1　JMAG 中 3 种电磁力的计算方法对比

| 方法 | 表面力（Surface Force） | 节点力（Nodal Force） | 洛伦兹力（Lorentz Force） |
|---|---|---|---|
| 概要 | 在空间中指定的面上，通过磁通密度计算出面上的力 | 通过磁通密度和磁场强度计算出指定的区域内节点的力 | 通过电流密度和磁通密度的乘积，直接计算出电流产生的力 |
| 优点 | ·可以直接地观察计算面上力的分布<br>·可以计算作用于磁性材料和电流中的力 | ·易用性高<br>·可以计算作用于磁性材料上和电流中的力 | ·对于指定的电流与其作用力，很容易获得高精度的计算结果 |
| 缺点 | ·计算面的选择会影响计算精度 | ·受网格剖分影响，但网格剖分易于表面力计算面的选择 | ·无法计算磁性材料上的作用力 |

由于任何问题都需要因地制宜、具体分析，这里就基于最常用的情况提供如下判断基准：明确计算对象。如果是导体，则请用洛伦兹力方法求解，比如计算磁场中通电导线的电磁力；如果是磁性材料，则请用节点力方法求解，比如电机定子上齿部的电磁力；而表面力密度条件在计算定转子之间磁拉力的时候会用到，比如偏心的时候，虽然力是施加到转子上，软件会自动扩展为在气隙中间表面积分电磁力密度，以此来观察定转子之间磁拉力的分布情况。

## 1.3　电磁场仿真方法

本节将介绍一些常见的仿真方法。首先，结构仿真、热仿真、流体仿真等仿真的基本思路是通过数值解析式在已知形状、材料等条件的情况下进行建模（构建方程式）并计算求解。电磁场仿真也是如此。具体来说，就是利用电磁学的知识进行建模，求出磁通密度分布、电磁力、转矩等结果。常用的计算方法见表 1-2。

表 1-2　电磁场仿真常用的计算方法

| 算法 | 磁路法 | 积分法 | 边界元法 | 有限元法 |
|------|--------|--------|----------|----------|
| 形状 | · 使用特征处的形状 | · 使用基本形状 | · 使用详细形状（CAD） | · 使用详细形状（CAD） |
| 材料特性 | · 常数 | · 可以考虑材料随磁场的变化 | · 可以考虑材料随磁场的变化 | · 可以考虑材料随磁场的变化 |
| 结果 | · 特征处的磁通密度、力等 | | · 详细的磁场、电流、电磁力、损耗分布等 | · 详细的磁场、电流、电磁力、损耗分布等 |
| 精度 | · 平均值<br>· 无法进行详细计算 | · 受网格影响，但是想要得到高精度的结果，需要技巧 | · 很容易得到高精度结果 | · 很容易得到高精度结果 |
| 计算速度 | · 快 | · 约为模型规模的 2 次方成比例<br>· 简单的模型很快 | · 约和模型规模的 2 次方成比例<br>· 简单的模型很快 | · 和模型规模成比例<br>· 就算是复杂的模型个人电脑也可以进行计算 |
| 特点 | · 建模需要技巧和知识<br>· 可以把握基本的变化<br>· 无法计算涡流 | · 由于计算时间的限制，能够解决的问题也有限<br>· 空间部分不需要网格<br>· 无法计算涡流 | · 由于计算时间的限制，能够解决的问题也有限<br>· 空间部分不需要网格<br>· 非均质材料无法计算涡流 | · 能解决大部分问题<br>· 有很多解析案例 |

其中，比较常用的电磁场仿真软件的算法为磁路法和有限元法。接下来将会详细介绍这两款算法的概要，以便大家更好地理解电磁场仿真。

### 1.3.1　磁路法

前面介绍了什么是磁路，我们可以将其类比为电路。通过将目标的磁路等效成电路进行计算的方法称为磁路法，该方法有时也会被称为等效电路，如图 1-26 所示。

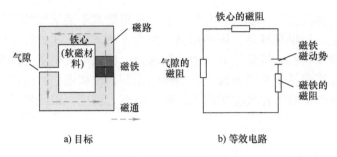

a) 目标                    b) 等效电路

图 1-26　磁路法

基本的转换概念如下：

1）磁阻（磁通的流动难易度、由磁导率的倒数决定）⇒电阻。

2）磁铁、电流的磁动势（产生磁场的能力）⇒电压。

3）磁通⇒电流。

这样等效的优点是保证了计算速度，电路的计算通常出现在初高中或者大学时的习题中，通过手算就可以完成。其原理简单，方程也不复杂，因此即便是再复杂的电路图也可以快速地求解。然而，虽然磁路法计算速度很快，但是图 1-27 所示的一些模型细节是其无法考虑到的。因此，精度低往往是大家对磁路法的第一印象。

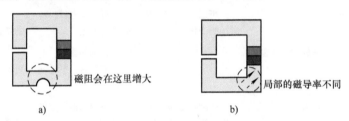

a)                         b)

图 1-27　磁路法无法考虑的地方

## 1.3.2　有限元法

有限元法是结构仿真、流体仿真中广泛被使用的数值解析算法之一。JMAG 使用电磁学的控制方程组进行有限元计算。图 1-28 所示为有限元仿真的示例，是一个实际的包含了空气的模型。模型和空气被划分成许多个网格单元，网格交叉处的连接点为节点。先把区域分割成小区域（网格单元），然后在此基础上求解方程组得到近似解，最后在各个小区域使用相对简单的共通的补正函数，因此有限元仿真的最终结果通常被认为是近似解。

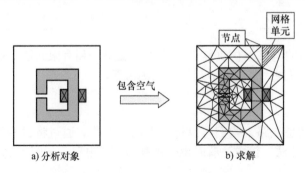

a) 分析对象                b) 求解

图 1-28　有限元仿真的示例

这有点类似于拿积木拼一个电机模型。拼出来的模型有棱有角，不再像真实的电机一样有圆润的倒角。但是如果将积木的单元做得非常小，那么我们拼出来的电机也会十分接近真实的电机。这里就涉及两个概念——有限元分析的空间离散化和时间离散化。

1. 空间离散化

空间离散化的概念如图 1-29 所示。在 1D（一维）的情况下（图 1-29a），曲线为原方程组的解，可以理解为真值或者说真实的模型，而折线为近似解，可以理解为划分网格后的模型或者说用积木拼出的模型。从图中可以看出，原本连续的形状被分割成了一段一段的形状，这就是空间离散化。2D（二维）的情况更加直观，外侧的轮廓代表了真实的模型，通过网格剖分，可以得到图 1-29b 所示的单元和节点。单单看网格部分可以发现，整个模型与真实模型并不完全吻合，只是十分相似。

正如大家印象中的离散化一样，空间的离散化也会造成信息的丢失。合理地划分网格对于计算精度十分重要。除了空间以外，时间上也有离散化的概念，这是因为真实的时间是连续的、不间断的，而仿真中仅能计算特定时间点或多个时间点的结果。

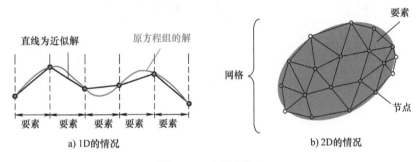

图 1-29　空间离散化

2. 时间离散化

时间离散化的概念如图 1-30 所示，虚线代表了真实情况的时间点，实线代表了有限元仿真的时间点。可以发现有限元的仿真，在时间上会以 dt 为间隔进行采点，力求还原真实情况。然而，三角形处的真实物理量并没有被很好地还原出来，与近似解的差距较大。如果合理地改变间隔 dt，则可以更好地还原真值减少误差。因此，在有限元仿真中，需要对时间的间隔进行合理的设定。

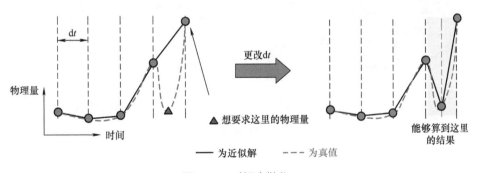

图 1-30　时间离散化

## 1.4　构筑仿真模型的方法

接下来会介绍如何在仿真中建模。这里介绍的不是建模操作方法，而是有限元仿真中建模或者说模型处理的要点和思路。最主要的是想说明，有限元仿真的模型并不是直接从 CAD 模型中导入就可以的，而是需要从仿真目的出发，根据仿真内容而定制的。比如，图 1-31 中列出了一些建模前需要考虑的事项，这些事项与仿真目的关系密切。例如：如果需要计算外壳处的涡流，那么就一定要将外壳建模；如果需要考虑控制电路的影响，那么就有必要考虑驱动电路；如果模型和物理特性有对称性，那么可以考虑是否只需建立部分模型。

下面将对一些常用的建模要点进行介绍。

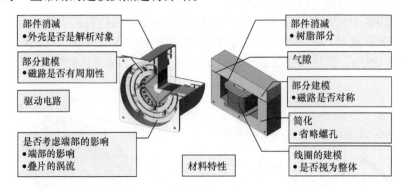

图 1-31　建模前需要考虑的事项

### 1.4.1　模型的维度

通常建模时需要考虑的第一点就是模型的维度，与二维（2D）模型相比，三维（3D）模型虽然看似在建模时修改的工时更少，但实际在计算用时以及改善计算精度上会花费更多的时间，需要谨慎考虑。而巧用 2D 模型可以在不影响仿真精度的前提下减少计算成本（仿真时间、使用内存等）。图 1-32 和图 1-33 所示分别为将电磁铁模型和 IPM 电机模型进行 3D 和 2D 建模，并对比计算后的结果。可以发现，在常规的计算中，2D 模型与 3D 模型计算结果的差距并不大。因此对常规计算而言，2D 仿真就足以应对了。

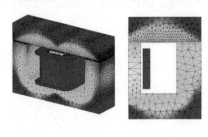

| 参数 | 3D建模 | 2D建模 |
|---|---|---|
| 网格单元数 | 80797 | 1152 |
| 节点数 | 14454 | 554 |
| 仿真时间/s | 34 | 2 |
| 使用内存/MB | 91.9 | 15.9 |
| 吸引力/N | 250 | 219 |

a) 3D建模　　　　b) 2D建模　　　　　　　c) 效果对比

图 1-32　电磁铁 3D 和 2D 建模的对比

### 1.4.2　叠片钢板的建模

叠片是指将薄的电磁钢板进行相互绝缘的重叠，这种方式可以减少损耗。磁通方向不同，如图 1-34 的黑色箭头所示，磁通通过铁心的难易程度不同，抑制涡流的效果也有所不同。

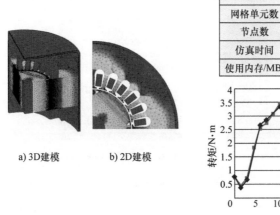

| 参数 | 3D建模 | 2D建模 |
|------|--------|--------|
| 网格单元数 | 455348 | 4991 |
| 节点数 | 110998 | 3115 |
| 仿真时间 | 353min | 29s |
| 使用内存/MB | 185.1 | 29.7 |

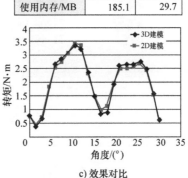

a) 3D 建模　　b) 2D 建模

c) 效果对比

图 1-33　IPM 电机 3D 和 2D 建模的对比

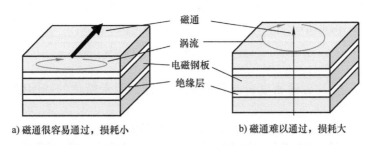

a) 磁通很容易通过，损耗小　　　　　b) 磁通难以通过，损耗大

图 1-34　叠片钢板

针对叠片钢板，有两种建模方式。

1）将叠片后的铁心作为一个部件建模，将叠片作为异向性材料（图 1-35）。特性参数使用钢板和绝缘层的平均值。面内方向是钢板的特性，叠片方向以绝缘层的特性为主导。其优点是建模、网格剖分很简单，计算速度较快；缺点是无法计算面内主磁通产生的涡流。

2）在钢板截面内进行网格剖分，并且详细建模，如图 1-36 所示。这种方法的优点是全部的涡流都能计算，但是与其他方法相比，模型规模（网格数）很大，且计算时间很长。

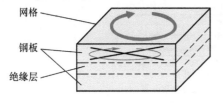

图 1-35　叠片后的铁心作为一个部件建模

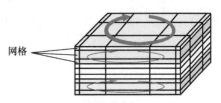

图 1-36　详细建模

### 1.4.3　线圈的建模

对于数十匝以上的线圈，对每一根导线都进行建模十分困难，因此可以考虑将线圈整体作为一个导体块建模。对两个模型进行对比，结果如图 1-37 和图 1-38 所示。

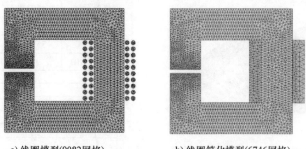

a) 线圈模型(9082网格)　　　　b) 线圈简化模型(6746网格)

图 1-37　线圈模型和线圈简化模型

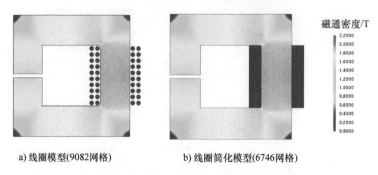

a) 线圈模型(9082网格)　　　　b) 线圈简化模型(6746网格)

图 1-38　线圈模型和线圈简化模型的磁通密度分布

可以发现，二者的磁通密度分布几乎完全一样，而未简化的线圈模型的网格数多了 30%。

此外，对气隙磁密处的结果进行对比，可以发现结果也是相同的（图 1-39）。可以说，线圈形状的简化对于精度来说几乎没有影响。JMAG 中大部分情况下都可以将线圈建模成导体块，输入正确的匝数、输入电流等参数，就可以算出磁动势，从而起到与详细建模相同的效果。

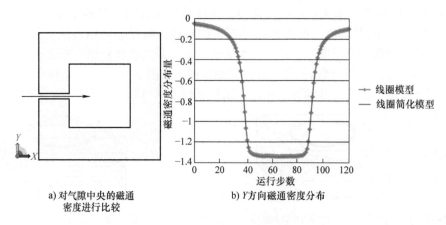

a) 对气隙中央的磁通　　　　b) Y方向磁通密度分布
密度进行比较

图 1-39　气隙磁密的对比

### 1.4.4　空气层

电磁场仿真中通常需要考虑空气的范围，更直观地说是模型外的范围大小。比如，在天线仿真中需要计算天线的放射特性，在电磁铁仿真中需要考虑线圈向外的磁场分布。那么，如何根据不同的仿真内容来设定合理的空气范围呢？

首先，基本的两个思路是：

1）因为 JMAG 是低频电磁场仿真，所以距离电磁场很远的地方不需要考虑。

2）距离电磁场起磁源（线圈、磁铁等）很远的地方的磁场会很微弱，需要根据仿真目的进行判断。

第一个思路很好理解，JMAG 作为一款低频电磁场仿真软件，通常不会用来做一些放射场仿真，也不需要考虑远场的计算。而第二个思路，需要我们结合图 1-40 所示的案例一起理解。

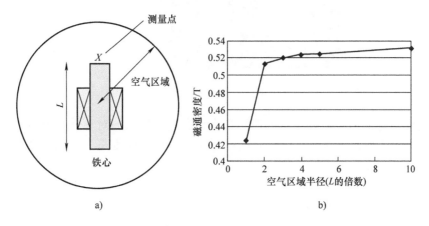

图 1-40　电磁铁仿真案例

图 1-40a 为仿真的电磁铁模型示例，铁心长为 $L$，两侧绕有线圈。取铁心顶部 $X$ 处作为测量点，测其磁通密度。此时以铁心中心为圆心，形成球形空气区域，直径分别为铁心长度 $L$ 的 1 倍、2 倍、3 倍、4 倍、5 倍和 10 倍。即保持铁心、线圈、测量点不变，改变空气区域的大小，对测量点上的磁通密度进行对比。其结果如图 1-40b 所示，横轴为空气区域的半径，同时也是铁心长度 $L$ 的倍数；纵轴为磁通密度。可以发现当空气区域很小（直径 $L$ 的 1 倍）时，磁通密度结果与其他结果差距很大。但是当空气区域半径增大后，结果趋于稳定，并且呈现略微增加的趋势。

引起这个现象的主要原因是，电磁场仿真软件中通常会因为软件算法限制而无法计算无穷大的模型，所以需要限定一个求解的范围。在限定求解范围时，需要在模型空气区域的最外侧建立一个边界条件将模型框定，所有的计算都将在这个空间内进行。这时便会导致仿真条件下的物理现象和真实开放的物理现象有所差异。再回看图 1-40 所示的案例，当空气区域很小的时候，大量磁通会经铁心右侧流入空气，导致计算结果偏小。而当空气区域增大后，会有部分磁通通过铁心顶部流入空气并经过 $X$ 点，最终计算结果回归正常。通常来说，取铁心长度 5 倍以上的空气层，对于软磁材料内部或者是附近的仿真来说是足够的。而在 IPM 电机的常见仿真中，定子外径已经足够，取空气层为模型的 1.2 倍左右就可以了。实际应用中，我们推荐客户可以尝试计算几个不同空气区域范围的仿真，针对自己的产品分析结果确定最佳的空气区域。

### 1.4.5　部分模型

对于仿真，很多人除了精度以外最关心的就是计算速度，采用部分模型是一种比较好的解决方案。部分模型，就是通过使用对称面对仿真对象进行切割，将对象缩小为 1/2、1/4 或者是 1/8。部分模型的计算方法可以帮我们在保持计算精度的前提下，节省大量的计算成本。因此，学会如何正确地使用部分模型至关重要。本节以图 1-41 所示的模型为例，介绍如何在 JMAG 中建立部分模型并说明边界条件的原理。

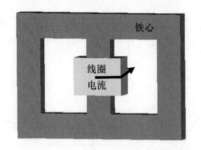

图 1-41　初始全模型

电磁场要对称的话，需要形状和磁路都有对称性。形状的对称性通过目测就能直接进行判断。但是对于磁路的判断，需要进行电磁学的分析，这也是为什么一开始我们介绍电磁学基础的原因。关于本案例，分析方法如下。

如图 1-42 所示，以 XY 面作为对称面，上下的磁路相同。但是，磁通方向对于对称面来说是相反的，且垂直于对称面。

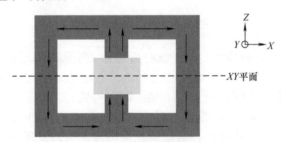

图 1-42　XY 平面的对称性

如图 1-43 所示，以 ZX 面作为对称面，左右磁路相同。对于对称面，磁通方向也是相同的，且平行于对称面。

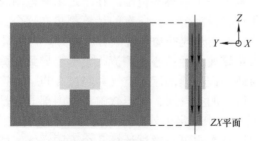

图 1-43　ZX 平面的对称性

如图 1-44 所示，以 *YZ* 面作为对称面，左右磁路相同。但是，磁通方向对于对称面来说是相反的，且平行于对称面。

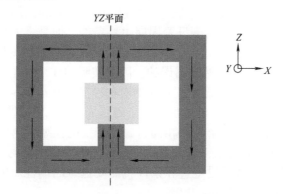

图 1-44　*YZ* 平面的对称性

根据上述分析，可以通过使用对称面将模型缩小至 1/8 模型，如图 1-45 所示（*X*、*Y*、*Z* 方向各切一半）。这一步的操作需要通过 CAD 软件或者 JMAG 的几何编辑器进行操作。

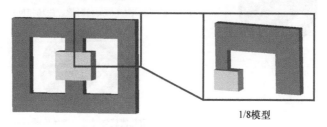

图 1-45　缩小至 1/8 模型

如上所述，模型各个对称面的磁路都不尽相同。在模型修改好之后，需要设定边界条件，让软件知道每个对称面的磁路是如何流过的。

JMAG 中有两种针对磁通方向的边界条件：对称边界条件和自然边界条件，如图 1-46 所示。设为对称边界的面，会强制磁通平行于对称边界；设为自然边界的面，会强制磁通垂直于自然边界。因此，上述模型中的 *ZX* 平面和 *YZ* 平面需要被设为对称边界条件，剩余的 *XY* 平面需要被设定为自然边界条件。

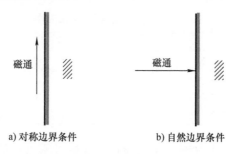

图 1-46　对称边界条件和自然边界条件

除了对称性以外，在一些情况下我们还会发现模型具有周期性。这时就需要使用周期边界条件将模型分割成最小单元以减少计算成本。JMAG 中的周期边界条件有两种不同的设定：周期性和反周期性。为了方便理解，我们以图 1-47 所示的模型为例进行说明。

图 1-47a 所示为一个 4 极电机的转子全模型，可以发现这个模型从几何角度来看具有周期性，是可以以一个极为基本形状，经过 4 次旋转对称形成的。那么，如果我们制作一个 1/4 模型，就可以在这个 1/4 模型两侧设置周期边界条件。但是，如果注意磁场的分布就可以发现，若单纯地将这个 1/4 模型进行复制粘贴式对称，那么模型的所有 4 个极都是相同磁化方向（全朝外或全朝内），这必然是错误的。因为实际的 4 个极是相互反向的（朝外、朝内、朝外、朝内）。如何在仿真中既保证几何的对称性又能考虑到反向的磁场分布？JMAG 给出的解决方案便是在周期边界条件中加入一个磁路周期性、反周期性的设定。如图 1-47b 所示，中间虚线将模型分割成两个几何相同、磁场相反的模型，这时设定边界条件就需要选择反周期性。又如图 1-47c 所示，中间虚线将模型分割后，上部的模型经旋转后与下部模型的几何、磁路完全相同，这时设定边界条件就需要选择周期性。因此，周期边界条件内的周期性和反周期性指的是磁路而非几何。

b) 反周期(几何旋转对称、磁场相反)

a) 全模型

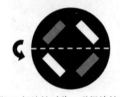

c) 周期(几何旋转对称、磁场旋转对称)

图 1-47　周期模型

## 1.5　结果检查方法

合理建模之后，即可对其进行仿真得到结果。后面我们会对仿真的设置方法进行介绍，本节先对结果的检查方法进行说明，读者可以通过下述的方法判断仿真是否正确。

得到计算结果后，可以先根据表 1-3 进行判断。

表 1-3　根据仿真结果判断准确性

| 仿真结果 | 原因 |
| --- | --- |
| 磁通密度的最大值超过 3T | 电流值的错误，单位不统一 |
| 磁通密度完全为零 | 网格剖分有错误 |
| 没有电流的地方有磁场 | 设定的磁化特性有误，网格过粗 |
| 过大的力作用于空气 | 网格过粗 |

之后可以通过磁通密度来判断，比如检查磁通流过哪里？是否形成想要的磁路？磁路是否"清晰"？漏磁通从哪里通过？图 1-48 所示为边界条件的确认方法，当部分模型通过边界条件等效为全模型时，可以通过磁力线来判断边界条件是否正确。该模型是一个计算通电导体磁场分布的模型，利用对称性将模型分割成 1/2 模型以减少计算成本。可以发现，

图 1-48a 的模型由于使用了对称边界条件，磁通方向被强制平行于对称面；而在图 1-48b 的模型中，磁通则垂直于平行面。真实的通电导体形成的磁场是围绕导体周围，并以满足右手螺旋定则的形态分布的。因此，图 1-48a 所示的模型设置有误，图 1-48b 为正确的设置。

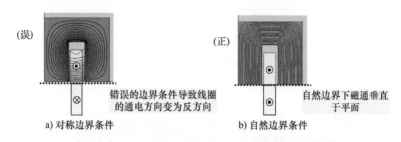

图 1-48　边界条件的确认方法

图 1-49a 所示为周期边界条件的确认，以 SPM 电机 1/4 模型为例，使用了周期边界条件。由图 1-49a 可知，由于周期边界条件中磁路的周期性 / 反周期性的设置错误，导致磁路异常；而图 1-49b 的磁力线分布则与我们的预期一致。因此在计算完成后，通过确认磁力线的分布是一个非常有效的判断仿真正确与否的方法。与之类似，根据磁通密度云图、磁矢量图进行判断也是很好的确认方法。

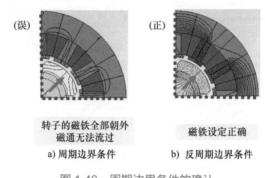

图 1-49　周期边界条件的确认

## 1.6　本章小结

本章首先介绍了电磁场仿真中基础的物理学知识，然后介绍了电磁场仿真的入门概念；之后以这些知识为基础介绍了在 JMAG 软件中建模的思路、要点以及部分相关的设定知识；最后介绍了常用的仿真结果确认方法。后续章节会更详细地介绍 JMAG 中的各种设定和仿真思路，并且会有详细的仿真操作流程的说明。希望读者能结合本章的理论和思路，理解 JMAG 中各种设定的原理，做到知其然的同时知其所以然。

JMAG 是一种先进的低频电磁场仿真软件，具备强大的耦合计算功能，同时其自身具备温度、结构、振动噪声仿真功能，还可以和第三方软件进行双向耦合仿真。JMAG 的功能模块包括 JMAG-Designer、JMAG-Express、JMAG-RT、RT Viewer、Communicator 和 Explorer 等。JMAG 产品结构如图 2-1 所示。

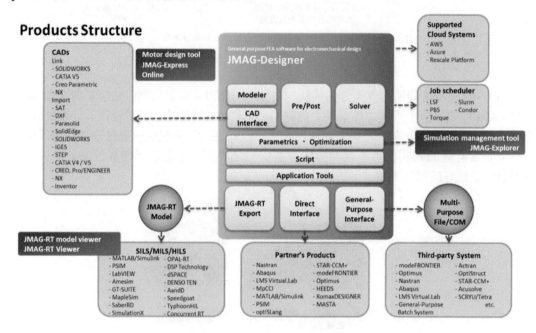

图 2-1　JMAG 产品结构

## 2.1　软件功能介绍

### 2.1.1　JMAG-Express

JMAG-Express 作为基于解析法的旋转电机设计专用软件，能够快速计算电机的性能，并提供设计表单。用户可以利用现有的几何模板，通过指定形状、材料和电路参数等，快速计算出电机的性能指标。此外，用户可以导入几何图形，建立自定义模板，快速计算电机性能。目前，软件支持的电机类型包括单相异步电机、三相异步电机、直流无刷电机、永磁直流电机、调速永磁同步电机、磁阻电机、串激电机、凸极发电机等。

### 2.1.2　JMAG-RT/RT Viewer

JMAG-RT 能够创建高保真工业级模型。该模型以数值为基础进行快速求解，得到基于有限元模型的结果，能够保证计算精度。JMAG-RT 模型可用于系统级仿真。针对软件在环仿真（SILS）及硬件在环仿真（HILS），JMAG-RT 模型可作为被控对象嵌入第三方软件或硬件仿真平台。

JMAG-RT 目前支持的电机类型包括：三相同步电机、六相永磁同步电机、三相异步电机、两相步进电机、开关磁阻电机（3～5 相）、电磁线圈、三相永磁直线电机及通用模型。

使用 RT Viewer 查看 JMAG-RT 模型，可以显示电机规格（极数、额定功率等）以及电感图、速度 - 转矩特性和效率图等。

### 2.1.3 JMAG-Communicator

JMAG-Communicator 是 JMAG 与 SolidWorks 软件相链接的插件，可以与 SolidWorks 模型进行实时数据交换。

### 2.1.4 JMAG-Scheduler

JMAG-Scheduler 为 JMAG 后台任务管理器，支持不同前处理的多个 JMAG 项目同时进行仿真。

### 2.1.5 JMAG-Explorer

JMAG-Explorer 为数据管理模块，能够轻松管理多个 JMAG 文件。用户可以按照文件名称、模型名称、Study 名称等来搜索文件，以列表的形式显示所查看的 JMAG 文件。

### 2.1.6 JMAG-Designer

JMAG-Designer 是最为核心的电磁场有限元分析模块。软件自身带有几何编辑器，可以进行模型创建，也可导入第三方 CAD 几何图形来创建仿真模型。JMAG-Designer 可以快速便捷地进行材料、外电路、绕组、边界条件等设定。其中，有限元网格可以按照自动生成或者手动剖分的方式生成。此外，JMAG-Designer 还内嵌丰富的材料数据库，提供几乎所有日本厂商的电工钢数据，包括磁化曲线与损耗曲线，以及各型号永磁体的退磁曲线等。

除了电磁场仿真之外，JMAG-Designer 还针对多物理场仿真提供了多物理域求解器及耦合计算的功能，磁场、电场、热场、结构及控制策略等均可联合仿真。转矩、功率、电流、电压、损耗、磁密、磁力线等各类结果有多种显示方式，如云图、矢量图、波形图及表格数据等。

除了物理场求解计算以外，JMAG-Designer 能够完成参数化、自动化仿真工作，可以生成有效案例，进行响应曲线敏感性分析及脚本工作流自动化仿真。软件内置了优化引擎进行优化及敏感性分析，并可以使用响应面法及遗传算法进行优化，还可将用户自定义第三方求解器作为优化引擎。

作为一款独立的电磁场仿真软件，JMAG 具备丰富的第三方软件接口（ABAQUS、LMS Virtual.Lab、MpCCI、PSIM、MATLAB/Simulink、SPEED、modeFRONTIER、OPTIMUS、STAR-CCM+、HEEDS），可以方便地完成联合仿真及优化工作。最后，JMAG 可使用脚本程序进行前处理、后处理及自动化仿真工作，支持脚本语言为 Python、VBScript 和 JScript。

### 2.1.7 JMAG 文档构造

JMAG 软件使用过程中会生成相关数据及文档，其文档格式、功能描述及打开方式如表 2-1 所示。

表 2-1　JMAG 文档构造

| 文档格式 | 功能描述 | 打开方式 |
|---|---|---|
| .jproj | 有限元计算模块 JMAG-Designer 的文件格式，含几何模型、材料属性、条件设置、驱动电路和网格 | 1. 在 JMAG-Designer 中选择 File-Save As 进行保存<br>2. 在 JMAG-Designer 中选择 File-Open 进行打开 |
| .jcir | 模型驱动电路的文件格式 | 1. 在 JMAG-Designer 中的外电路窗口中选择 File-Export Circuit 进行保存<br>2. 在 JMAG-Designer 中的外电路窗口中选择 File-Import Circuit 进行打开 |
| .jcf | 1. 除几何模型外，含有 .jproj 文档的所有内容<br>2. 可以选择另存为含有或不含网格的 .jcf 文件 | 1. 在 JMAG-Designer 中的项目树中的 Study 上单击右键，然后选择 Export JCF 进行文件导出<br>2. 在 JMAG-Designer 中选择 File-Open 进行打开 |
| .jmd | 磁路计算模块 JMAG-Express 的电机模板文件，包括电机的尺寸参数、材料属性、绕组分布、驱动方式等信息 | 1. 在 JMAG-Express 中选择 File-Save As，然后选择另存为 .jmd 格式<br>2. 在 JMAG Express 中选择 File-Template-Import 进行打开 |
| .jmdl | JMAG-Designer 几何模型文件 | 1. 在 JMAG-Designer 中的几何编辑器中选择 File-Export 进行保存<br>2. 在 JMAG-Designer 中的几何编辑器中选择 File-Open 进行打开 |
| .rtt | JMAG-RT 模块计算后的结果文件 | 1. 对于已经计算完毕的 JMAG-Express 模型，可以选择 File-Create JMAG RT Model-Output File Name 进行保存<br>2. 对于已经计算完毕的 JMAG-Designer 模型，需要先另存为 .JCF 格式文件，然后打开 JMAG-RT 模块进行 RT 模型设置，待计算完毕后会在相应的 DATA 目录下生成 .rtt 格式文件<br>3. .rtt 文件打开方法：先打开 JMAG-RT Viewer 模块，然后选择 File-Open 进行打开 |
| .jplot | JMAG Designer 计算完成后的所有结果文件 | 在 JMAG-Designer 中选择 File-Open 进行打开 |

## 2.2　软件界面简介

### 2.2.1　项目管理器

本章节将着重介绍 JMAG-Designer 的界面，后续章节会介绍 JMAG-RT 的界面。JMAG-Designer 主界面主要包含以下部分：菜单栏、工具栏、项目管理器、图形窗口、工具箱、步数控制、案例控制、动画控制、状态栏，如图 2-2 ~ 图 2-4 所示。

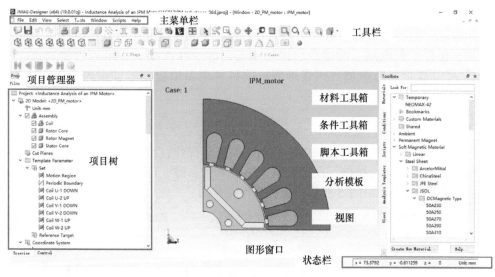

图 2-2　JMAG-Designer 主界面

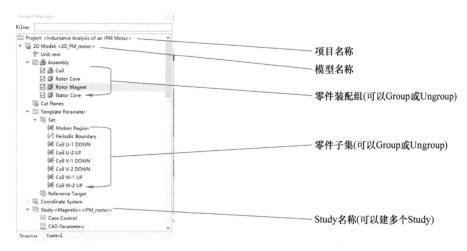

图 2-3　项目管理器

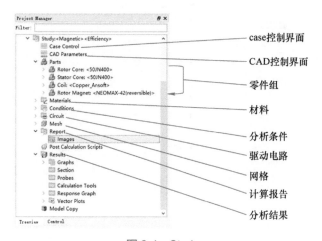

图 2-4　Study

项目管理器窗口包含当前项目文件中所有模型、Study、设置及结果等内容。项目管理树状图的层次由顶层至底层依次为项目、模型、Study。Study 目录下包含该 Study 所涉及的材料、条件、外电路、网格及结果显示等内容。在主菜单栏附近右键勾选"Project Manager"可以显示或隐藏项目树管理器。项目管理器中包含的详细内容如图 2-3 所示。Study 中包含的详细内容如图 2-4 所示。

## 2.2.2 模型窗口

用户可以在模型窗口中对几何体进行动态浏览和操作，可以使用工具栏命令图标，也可以使用键盘快捷键进行操作。在模型窗口单击鼠标右键，可以显示工具栏中的各种操作命令。工具栏命令图标如图 2-5 所示，鼠标操作命令为：

图 2-5 工具栏命令图标

- 缩放：上下滚动鼠标滚轮。
- 旋转：按下鼠标滚轮（中键），拖动鼠标。
- 移动：同时按下鼠标滚轮（中键）和右键，然后拖动鼠标。

## 2.2.3 工具箱

工具箱包括材料库、条件库、脚本库、模板库和视图等选项卡，如图 2-6 所示。

图 2-6 工具箱

- 材料库：包括电工钢、永磁体、铁氧体、软磁非晶复合材料、碳素钢、绝缘材料等。
- 条件库：包括各类边界条件、各类电流激励条件、运动条件、输出条件等。
- 脚本库：包括自定义的 JScript、Python、VBScript 脚本设置和预设的脚本库。
- 模板库：包括 JMAG-Designer 中保存的仿真模板，该模板可以应用于模型并导入 / 导出为文件格式（模板库选项卡是在 V17.1 之后才有的）。
- 视图：视图选项卡显示用户任意视点的列表。用户的任意视点被称为"自定义视点"。在视图选项卡上，用户可以添加焦点视点或应用到图形窗口。

## 2.3　软件仿真流程介绍

JMAG 基本仿真流程主要包含以下步骤。

### 2.3.1　准备工作

在使用 JMAG 仿真之前，应做好仿真准备工作。在进行仿真之前，明确仿真目标，并确定需要设置的条件和材料。根据仿真的实际情况提前进行规划和准备，以便更快获得仿真结果。结合自身条件扩展计算资源，如准备多台计算机分布式计算的运行环境，设置远程系统进行并行计算，考虑是否使用图形处理器（GPU）等。

在对模型进行几何建模的时候，可以参考本书的第 1 章，必要时可以简化对仿真结果影响不大的零件几何模型，例如，删除零件边缘的圆角。考量仿真目标的几何形状及周期性，是否可以建立局部模型，并使用相应的边界条件。在 JMAG 中，"全模型"是指针对仿真目标的整个几何进行建模，"局部模型"是指仅针对仿真目标的一部分几何进行建模。考量仿真目标的几何结构和周期性，在可行情况下使用二维几何模型代替三维几何模型。

在对模型进行网格剖分的时候，尽量减少网格单元数量，如组合使用多种网格功能使网格单元数量更少，或者使用拉伸网格功能在轴向创建粗糙网格。在实际应用中，读者可以将本书的第 1 章作为参考，尝试使用更小的模型实现更高精度的计算。

### 2.3.2　创建仿真

使用 JMAG-Designer 进行仿真需要以下步骤。

（1）准备几何　使用以下其中一种方法将仿真目标的几何模型导入 JMAG-Designer 中。

- 使用 JMAG-Designer 自带工具（Geometry Editor、JMAG-Express、Transformer Modeling tool）创建几何模型，并将其导入 JMAG-Designer 中。
- 使用第三方 CAD 软件（如 SolidWorks、AutoCAD 和 Creo Parametric 等）创建 CAD 模型并保存文件，之后将其导入 JMAG-Designer 中。也可以使用 JMAG-Designer 与第三方 CAD 软件的链接功能，直接将几何图形从第三方 CAD 软件导入 JMAG-Designer 中，无须保存成文件。
- 将第三方仿真软件创建的网格模型保存为文件，并将其导入 JMAG-Designer 中。

（2）创建 Study　创建 Study 时需要选择仿真类型。Study 中包括材料设置、条件及其他与模型相关的设置，创建之后设置材料及条件。关于 Study 的类型，可以参见本书第 3 章，有详细的分类及说明。

（3）材料设置　模型的每个零件都需要定义材料。针对磁场仿真及铁损仿真，可以使用材料厂商提供的材料数据。

（4）电路设置　在磁场仿真（瞬态仿真、频率响应仿真）中，使用电路进行仿真；在热仿真或热应力仿真中，则使用热路进行仿真。

（5）条件设置　根据需要设置电路元件和条件，为模型设置边界条件和电流条件。

（6）网格生成　对模型进行网格剖分。

### 2.3.3　运行仿真

使用相应求解器运行上述仿真。

### 2.3.4　后处理及结果评估

使用 JMAG Designer 的后处理器功能将物理量分布显示为图像，并将数值输出为表格和波形图。使用 JMAG 仿真结果评估产品性能。参数化仿真及优化功能可以实现针对特定目标提升性能的目的。不同求解器耦合仿真能够实现多物理场联合仿真。

## 2.4　帮助与自学系统

在 JMAG-Designer 主菜单栏中选择 Help 可以打开帮助与自学选项列表，如图 2-7 所示。

### 2.4.1　帮助系统

单击图 2-7 中的 Help 按钮，可以打开 JMAG 帮助系统，如图 2-8 所示。用户可在目录中检索相关内容或者在搜索中输入关键字来查找相关内容。在软件中操作时，可以直接点击操作界面中的 Help 按钮查阅帮助信息。

图 2-7　Help 工具栏

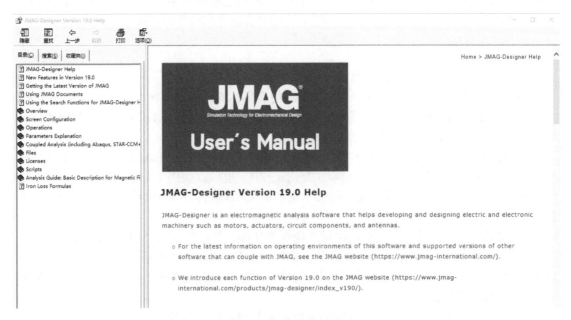

图 2-8　JMAG 帮助系统

### 2.4.2 自学系统

单击图 2-7 中的 Self Learning System 按钮，可以打开 JMAG 自学系统，如图 2-9 所示。单击 OUTLINE MODE 按钮，用户可以通过教学视频的方式了解 JMAG 软件及分析步骤。单击 PRACTICE MODE 按钮，用户可以通过每步操作的详细教程学习 JMAG 仿真方法及操作。

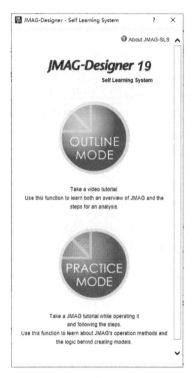

图 2-9　JMAG 自学系统

### 2.4.3 应用案例

单击图 2-7 中的 Application Catalog 按钮，可以打开 JMAG 案例目录。应用案例目录包含 JMAG-Designer 所有应用的仿真案例，每个案例包含注释文档及模型文件。目录中案例有 3 种分类方式，分别是应用、评估项目及使用求解器模块，如图 2-10 所示。

图 2-10　JMAG 应用案例

### 2.4.4 网站资源

单击图 2-7 中的 JMAG Website 按钮，可以进入 JMAG 软件官方网站。用户可以在网站内查看软件各类信息及下载 JMAG 用户公开文章。

首先需要声明的是，仿真中的每一个设定都可能会影响计算的准确性，因此并不存在哪个设置更重要。但是，为了让新入门的读者可以在仿真设置中有意识地注意一些容易出错的设置，尽量减少大家出错的概率，我们将这些设置定义为重要的仿真设置，并在这一章进行介绍。相对重要的仿真设置有 Study 的种类和网格。

此外，本章还会对相对比较难以理解的求解器设定进行介绍。因为这些设定的专业性较高，通常我们会推荐用户使用默认设置。但是如果大家理解了设定内容并进行合理的设置，那么对仿真精度、速度都是大有裨益的。因此，我们也将其列为重要的仿真设置。

最后，对于那些由于篇幅关系未提及或未详细说明的设定，我们会介绍如何使用 Help 来自学这些内容。

## 3.1　Study 的种类

在仿真中，我们需要先确认使用哪个 Study。因为在 JMAG 中，有些 Study 支持 2D/3D 两种模型，比如磁场仿真 Study；有些 Study 则仅支持 3D，比如热仿真 Study。因此，我们需要明确有哪些 Study，它们都有哪些限制和功能。

JMAG 中 Study 的大类如下：

- 磁场仿真。
- 电场仿真。
- 热仿真。
- 结构仿真。
- 热应力仿真。
- 变压器仿真。
- 效率 Map。

由于受篇幅限制，本书的内容将以磁场仿真为主。但在本章中，我们会简要介绍其他几个 Study。

### 3.1.1　磁场仿真

磁场仿真 Study 是对 2D/3D 仿真对象创建的磁场分析的 Study，可以分为稳态仿真、瞬态仿真、频响应仿真和铁损仿真。

稳态仿真又称静态场仿真，它是仿真对象的条件（如电流）、位置都与时间无关的情况下使用的 Study 类型。在进行某个稳定的状态下的仿真时会被使用。

瞬态仿真则是针对那些条件、位置会随时间改变的对象进行仿真时所用的 Study 类型。其会计算多个时间点，每一个时间点即整个仿真过程中的一个瞬间，因此称之为瞬态。

频响应仿真是仿真对象的电流等条件输入有正弦性时，进行单一频率下的响应分析时所用的 Study 类型，即仿真对象在某个频率的输入下分析其响应时会被使用。

铁损仿真严格意义上并不同于前三者，是一种特殊的 Study 类型。其是在计算完一个瞬态仿真 Study 的基础上，计算其中部件的铁损时使用的 Study。

### 3.1.2　电场仿真

电场仿真 Study 是对 3D 仿真对象生成的电场进行分析的 Study。与磁场不同的是，电场仿真可以进行导体和电介质的静电场分析 / 电流分布分析，可以分为稳态仿真、频响应仿真和电流分布仿真。

稳态仿真与频响应仿真与磁场仿真类似，仅仅是将对象改为了电场，此处不再赘述。电流分布仿真是计算电位输入下的电流分布时使用的 Study，与电场稳态仿真的一个主要的区别是电流分布能够计算电流密度并显示其结果。

### 3.1.3　热仿真

热仿真 Study 是对 3D 仿真对象生成的温度场进行分析的 Study，可以分为稳态仿真和瞬态仿真，根据温度分布是否随时间变化区分使用。

### 3.1.4　结构仿真

结构仿真 Study 是对 2D/3D 仿真对象的力、形变、位移等结构场参数进行分析的 Study，可以分为稳态仿真、固有模态仿真、频响应仿真和瞬态仿真。

稳态仿真、频响应仿真与上述其他仿真类型类似，即输入载荷不随时间变化的情况下使用稳态仿真；输入载荷有正弦性时使用频响应仿真。

固有模态仿真是计算对象在其自身形状、刚度等参数影响下的固有模态、频率的 Study。

瞬态仿真则是当输入载荷随时间变化并无正弦性时使用。而 JMAG 的瞬态仿真中存在 2 种求解方法：模态叠加法和直接积分法。模态叠加法是通过先进行固有模态仿真，再通过不同模态的叠加近似出计算结果的方法。直接积分法法则是通过联立方程组直接求解。通过这两种方法的原理可以看出，是否进行固有模态的计算以及固有模态计算的时间与瞬态仿真的 Step 数无关，即 2 个 Step 需要进行固有模态的计算，200 个 Step 也需要进行固有模态的计算。因此当我们计算大模型或计算很多 Step 时，模态叠加法会更好，因为模态叠加法在计算完固有模态之后只需要进行模态的叠加，这比直接积分法更快。当然，当我们的模型很小或者计算少量 Step 时，就效率而言，直接积分法则优于模态叠加法，因为其不需要进行固有模态的计算。

### 3.1.5　热应力仿真

热应力仿真 Study 是对 3D 仿真对象的热 - 结构双物理场进行分析的 Study，内部自带热、结构求解器，同时也会自动传递温度和位移数据。热应力仿真可以分为稳态仿真和瞬态仿真，与前述其他 Study 类型类似，此处不再赘述。

### 3.1.6　变压器仿真

变压器仿真 Study 是单独针对变压器、电抗器、电感等 2D/3D 仿真对象，分析其电磁场特性的 Study。在进行此类仿真对象的磁场仿真时可以使用该类型。变压器仿真可以理解为磁场仿真的分支，本质上与磁场仿真相同，可以分为瞬态仿真和频响应仿真。与前述其他 Study 类型类似，此处不再赘述。

### 3.1.7 效率 Map

效率 Map Study 是在以电机为对象进行磁场仿真时，分析其效率 Map 的 Study。它是磁场仿真的特定应用，仅限于电机。现版本（19.1）下支持三相永磁同步电机、三相感应电机、六相永磁同步电机、三相和六相同步磁阻电机。

## 3.2 网格

JMAG 作为一款有限元分析软件，网格决定了其计算精度。过疏的网格会导致计算精度低下，过密的网格则会增加计算成本。此外，网格的设置技巧同样十分重要，如何设置网格条件实现随心所欲地划分网格是学习有限元仿真的必修课。

### 3.2.1 网格类型

JMAG 的 网 格 类 型 可 以 通 过 [Study]-[Mesh]-[Properties] 进行查看，会根据 Study 类型的不同略有区别，磁场瞬态仿真 Study 的网格类型界面如图 3-1 所示。

区分方法也很简单，核心内容就是"是否有运动条件"。为什么会以运动条件来作为区

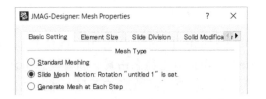

图 3-1 磁场瞬态仿真 Study 的网格类型界面

分方法，是因为 JMAG 中通常不需要对空气层进行建模。只需要将实体部分进行建模，软件会自动生成计算空间内的空气域，以减少用户的操作负担。而软件自动生成空气域这一个操作，出于提高效率的考量，实现方法是直接生成网格，而非生成一个 Part。这时就会因为模型有运动出现差异，不当的使用网格类型则会引起报错。如图 3-2 所示，左侧长方形固定，右侧长方形向上移动。当我们错误地设置网格类型时，导致第一个 Step 的网格在第二个 Step 中发生变形，图中圆圈内三角形网格将发生扭曲。如果继续下去，其面积会越来越小，直至为负值，引起 [The volume of an element is negative or zero] 的网格大小为负值的报错。接下来我们会介绍具体的区分方法，以帮助大家合理选用网格类型。

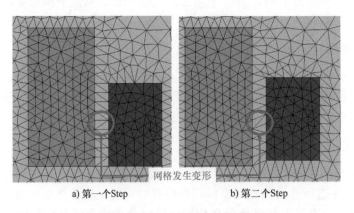

网格发生变形

a) 第一个Step　　　　　　　b) 第二个Step

图 3-2 网格类型设置不当引起报错

如果仿真中没有运动条件，则使用 Standard Meshing（标准网格）。没有运动条件，也就表明仿真中整个模型没有任何变形、位移。因此，上节中所述的稳态仿真基本都可以使

用标准网格，模型不变的瞬态仿真也可以使用，但模型发现变化的瞬态仿真则不可以使用该类型。如果使用的话，则会出现图 3-2 所示的问题，引起报错。

如果仿真中有运动条件，JMAG 中有 2 种网格可以使用。

（1）Slide Mesh（滑移网格）　滑移网格是一种非常常用的网格，它会在运动部件和固定部件之间生成网格，网格的一半连接固定部件并与其一起固定，而另一半则会连接运动部件并与其一起运动。滑移网格是在仿真带有运动条件的对象时首选的网格类型（图 3-3）。

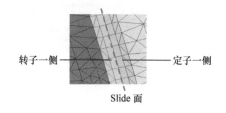

图 3-3　滑移网格

（2）Generate Mesh at Each Step（每一步都生成网格），又称为 Patch Mesh（补丁网格）　补丁网格是一种通用性极强的网格，它可以应用于绝大多数情况。其原理是在每一个 Step 的计算中都会更新模型的网格，因此它拥有很高的通用性。然而，有限元仿真软件中剖分网格是需要时间的，上述标准网格和滑移网格都是在计算初期进行一次网格剖分，之后便不再进行剖分。由于补丁网格会引起计算时间的增加，它是属于不到万不得已，尽量不要选择的网格类型，同时它也是能解决绝大部分报错问题的最终方法，需要我们合理选用。

### 3.2.2　无法使用滑移网格的模型

通过上述内容可知，对于运动模型来说，JMAG 内最常用、最理想的网格类型是滑移网格。然而，因为它的一些限制，导致我们需要用其他的方法来进行设置。那么，滑移网格具体又有怎样的限制呢？

首先，运动条件有两大类，它们分别是旋转运动和平移运动。但二者对于滑移网格的限制基本相同，最主要的有 2 个：

1）转轴 / 平移方向上，运动部件和固定部件的气隙不存在遮挡。

2）运动部件和固定部件在旋转 / 平移方向上不存在重叠部分。

如图 3-4 所示，旋转运动模型在旋转轴方向（$Z$ 轴正方向）上，转子和定子的气隙没有被任何部件所遮挡，转子与定子也没有重叠部分，分居内外两侧。这种模型可以直接选用滑移网格，不需要进行额外设置。

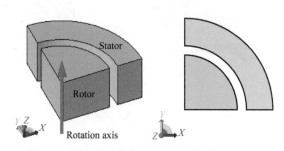

图 3-4　可以直接设置滑移网格的旋转运动模型

平移运动模型在平移方向（$X$ 轴正方向）上，气隙没有被任何部件所遮挡，也没有重叠部分，如图 3-5 所示。

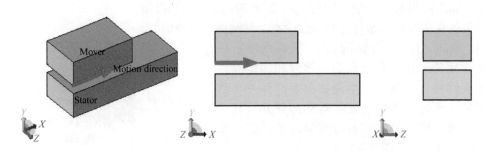

图 3-5　可以直接设置滑移网格的平移运动模型

反观图 3-6，旋转运动模型在旋转轴方向（Z 轴正方向）上，转子和定子的气隙被定子顶部端盖所遮挡。同时，Z 轴正方向上转子与定子有重叠。因此，该模型无法直接使用滑移网格。类似地，图 3-7 中的平移运动模型在平移方向（X 轴正方向）上，气隙没有遮挡，但在平移方向上运动部件和固定部件有重叠。

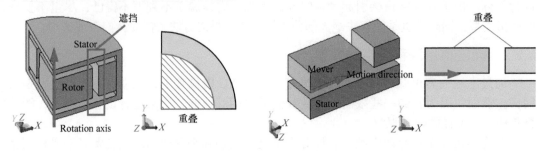

图 3-6　不可以直接设置滑移网格的旋转运动模型　　图 3-7　不可以直接设置滑移网格的平移运动模型

此外，对于平移运动模型，还有一个限制是气隙需要为单一平面（长方体）。如图 3-8 所示，气隙为圆环的模型并不能直接设置滑移网格。

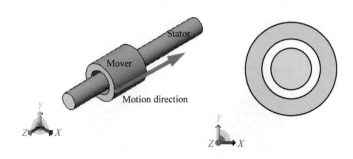

图 3-8　气隙为圆环

与之类似的，还有图 3-9 所示的形状，都不能同时满足上述限制条件。因此，常见的不考虑端盖的电机仿真往往可以直接使用滑移网格，而考虑端盖的情况或者说轴向气隙的电机往往不可以直接使用滑移网格。但这并不意味着我们非得使用补丁网格，接下来我们将会介绍这些情况下该如何设置。

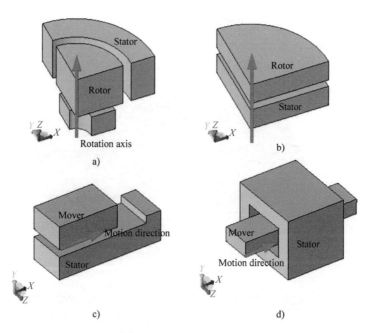

图 3-9　不满足要求的形状

### 3.2.3　滑移网格无法直接使用时的对策方案

针对那些无法直接使用滑移网格的运动模型，我们需要分类处理。

首先，尝试直接使用滑移网格并确认报错信息。通过报错信息可以得知错误发生的对象，确认是否是滑移网格引起的报错对接下来的判断流程至关重要。

其次，针对 2D 模型，我们可以尝试使用 [ 标准网格·不生成空气区域·FEM + BEM] 的方法。这是标准网格与其他设置搭配使用的网格设定方法。标准网格如前述，不会考虑部件位移对空气部分网格的影响，如果在含有运动条件的仿真中直接使用则会引起报错。然而，JMAG 不单单拥有有限元法（FEM）仿真算法，还搭配了包含边界元法（Boundary Element Method，BEM）仿真的 FEM + BEM 算法。边界元法与有限元法在连续体域内划分单元的基本思想不同，边界元法是只在定义域的边界上划分单元，用满足控制方程的函数去逼近边界条件。JMAG 通过其与有限元的搭配使用，可以实现不剖分空气网格的计算。但是由于 BEM 的计算会消耗大量内存，很少使用在大规模模型的计算中。因此，对于一些无法使用滑移网格的 2D 模型，JMAG 可以使用此方法进行计算。

对于 3D 模型，我们需要根据运动条件分别判断。对于旋转运动的模型而言，轴向长度基本固定不变，转动部件以转轴为中心进行旋转。针对这种情况，JMAG 推出了 [Extended Slide Plane]（拓展滑移面）这个功能，可以在 [Mesh Properties]-[Slid Division] 处选择该功能。通过该功能可以实现各种复杂模型的滑移网格设置。以常见的轴向气隙电机为例，使用滑移网格，选择拓展滑移面功能，从图 3-10 与图 3-11 中可以看出，对于原本无法直接设置滑移网格的模型，也可以设置成功。由于旋转运动本身不存在气隙大小的变化，通过自动或手动设置告知软件何处是滑移面，软件便可实现更高阶的网格剖分。无论是气隙被遮挡还是定转子有重叠，都可以用该方法实现滑移网格。

一方面，由于篇幅关系，我们不得不对更详细的设置介绍进行缩减。另一方面，本书意在介绍一些软件帮助文档未提及的内容，因此，更多关于拓展滑移面功能的内容请读者参考帮助文档下 Home > Parameters Explanation > JMAG-Designer > Automatic Meshing > Automatic Mesh Functions > Extended Slide（Rotation）处的说明。

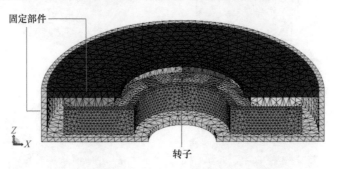

图 3-10　轴向气隙电机网格模型

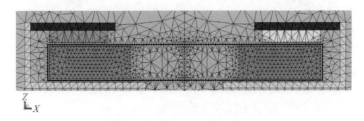

图 3-11　轴向气隙电机滑移网格

针对 3D 的平移运动模型，我们需要将前文提及的限制条件一分为二。针对那些不满足单一平面气隙的模型，可以使用拓展滑移面功能实现滑移网格的设置。针对那些固定部件与运动部件存在重叠的模型，只能使用前文提及的补丁网格进行计算。其原因是平移条件会对重叠处的气隙长度产生影响，引起网格拉伸变形等问题，而旋转条件则不会。

最后作为总结，对于那些无法直接使用滑移网格的模型，如果是 2D 模型，则使用 FEM+BEM 的方法；如果是 3D 模型，则尝试使用拓展滑移面功能；最后尝试补丁网格。

### 3.2.4　网格剖分方法

JMAG 的网格剖分方法可以通过 [Study]-[Mesh]-[Properties] 进行查看，会根据 Study 类型的不同略有区别。例如，3D 磁场瞬态仿真的网格剖分界面如图 3-12 所示。

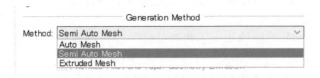

图 3-12　3D 磁场瞬态仿真的网格剖分界面

（1）2D 模型

1）Method 1（方法 1）：旧方法、三角形网格。该方法是 JMAG 旧版本时使用的方法，由于软件更新存在向下兼容的需求，JMAG 一直保留着该方法。

2）Method 2（方法 2）：新方法、三角形网格。该方法是替代 Method 1 的方法，日常使用时默认使用该方法即可。

（2）3D 模型

1）Auto Mesh（全自动网格）：旧方法、四面体网格。早期的全自动网格剖分手法，但是限制较多，并且速度上不如新开发的两种网格剖分方法快。

2）Semi Auto Mesh（半自动网格）：新方法、四面体网格。根据用户设置的条件来半自动地剖分网格，泛用性、可控性强，速度也快于 Auto Mesh。日常使用时默认使用该方法即可。

3）Extruded Mesh（拉伸网格）：新方法、五面体网格。对于那些轴方向上网格粗细不重要的模型，可以更改轴向网格大小，借此来减少网格，实现计算高速化。如图 3-13 所示，IPM 电机在轴向网格的要求远不如面上的网格。通过拉伸网格，可以实现保持计算精度的同时，大幅缩短仿真时间的效果。其限制条件及设置方法可以参考帮助文档：Home > Parameters Explanation > JMAG-Designer > Automatic Meshing > Automatic Mesh Properties > Generation Method（3D）> Notes regarding the Extruded Mesh。

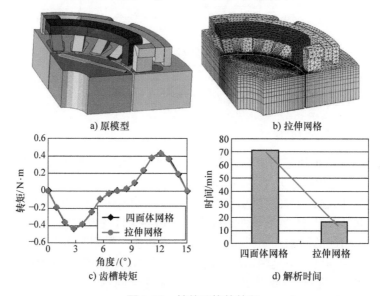

图 3-13　拉伸网格的效果

### 3.2.5　旋转周期网格

旋转周期网格可以在右键 [Mesh]-[Rotation Periodic Mesh] 中设置。该网格功能的目的是针对电机的部分模型，确保模型网格也具有周期性和对称性，从而能有效地改善转矩波形。如图 3-14 所示，对比使用与不使用旋转周期网格的情况发现，在使用旋转周期网格的情况下，网格剖分是每个齿都相同，因为每个齿的几何都是相同的，是具有旋转对称性的。而在不使用旋转周期网格的情况下，网格剖分则无视几何的对称性，直接进行剖分。其结果也是十分明显，可以看到，在使用旋转周期网格的情况下，齿槽转矩更为平稳，是以 0 为中心上下周期波动的。因此，在电机的部分模型仿真中，我们极力推荐用户使用该功能。具体设置方法可以参考帮助文档：Home > Parameters Explanation > JMAG-Designer > Automatic Meshing > Automatic Mesh Functions> Rotation Periodic Mesh。

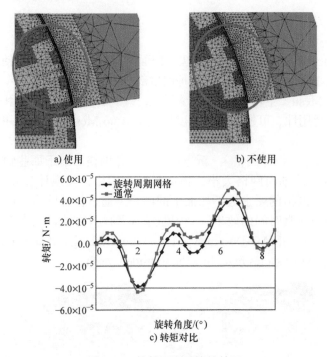

a) 使用　　　　　　　　　　　b) 不使用

c) 转矩对比

图 3-14　旋转周期网格的效果

### 3.2.6　网格报错原因及对策

本节对常见的网格报错进行介绍，并分析为何会报错，以帮助用户掌握对策思路。网格报错总体来说主要是由以下几个原因引起的。

1）形状引起的问题：①气隙过小；②部件干涉；③微小面、微小边；④渐近的形状。

2）条件引起的问题：①运动条件的设定；②边界条件的设定。

针对气隙过小引起的问题，如图 3-15 所示，电机绕组模型与定子模型之间有微小气隙。在模型阶段并无干涉问题，但是网格剖分时有可能会引起网格模型的干涉，从而导致报错。可以通过修改模型，去除气隙或者增大气隙来解决这个问题。当然，也可以通过加密网格来避免这一问题，虽然不用修改 CAD 模型，但是会增加计算成本。

a) 网格相互干涉，无法生成正常的网格

b) 去掉微小的气隙即可解决

图 3-15　气隙引起的网格干涉

针对部件干涉的问题，如图 3-16 所示，电机转子与磁钢模型发生干涉。这是常见的初级错误，只需要修改好干涉部分即可解决。

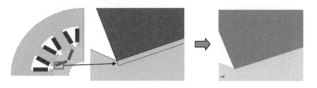

图 3-16　形状干涉引起的报错

微小面、微小边引起的网格生成失败是由于 CAD 模型上存在一些很小的边 / 面，引起网格剖分时设定的网格疏密程度无法对其进行剖分所引起的（图 3-17）。当直接把 CAD 模型不加处理地导入 JMAG 时，极易发生这一问题，需要人为去除这些小面 / 边。CAD 软件内也有自动检查微小面 / 边的功能，JMAG 内可以在 [JMAG 几何编辑器 ]-[Tools]-[Geometry Check] 下使用该功能。

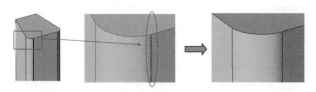

图 3-17　微小面、微小边引起的报错

渐近形状指的是如图 3-18 所示的形状，主要是由于倒圆处气隙无限接近于 0，从而引起报错。此外，针对倒圆而言，如果对磁路影响不大，则推荐将其去除。因为除了会引起报错以外，还有可能会因为圆弧处网格剖分不佳引起计算误差。如果需要避免该问题，则需要增加网格数量，导致计算成本增加。

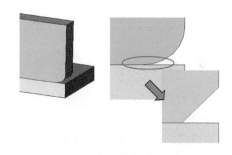

图 3-18　倒圆处的渐近形状

运动条件的设定，主要是指运动条件设定错误导致网格设置出现问题（图 3-19）。例如，运动条件的设定有错误、旋转轴或移动方向的设定有错误。通常需要用户检查可动部件的旋转是否有遗漏、旋转轴或移动方向的设定是否有错误来进行修改。

可动部的部件的
选择有遗漏

运动条件1　　运动条件2

图 3-19　运动条件设定错误导致网格报错

边界条件的设定，主要是指边界条件设定错误导致网格设置出现问题。例如，模型形状与周期边界面形状不一致、周期角度的指定有错误、应该共面的两个平面存在微小距离等。对策方法也比较简单，需要注意对应的周期面的形状是否与预期一致，测量实际上生成的模型角度，确认周期角度是否有错误就可以了。

## 3.3 求解器

本节将介绍 JMAG 内电磁场求解器的一些设置，通过理解这些设置的细节，可以帮助用户在计算时算得更快更准。

在 JMAG 中的 [Study]-[Properties] 下可以看到，与求解器相关的设置有 4 个区域（图 3-20），分别是 Parallel（并行）、Solver（求解器）、Linear Solver（线性求解器）和 Nonlinear（非线性）。下面将逐个介绍其内容及功能。

图 3-20　JMAG 中的求解器设置

### 3.3.1 并行

并行功能是一种实现电磁场仿真高速计算的方法，可以实现单个模型的加速计算。通过多线程、多核计算，实现短时间内对大规模模型的计算。并行设置界面如图 3-21 所示，该功能分为 "Do Not Use" "Shared Memory Multiprocessing（SMP）" "Massively Parallel Processing（MPP）" 以及 "Use GPU" 4 个部分。

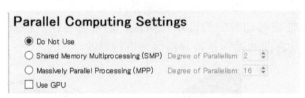

图 3-21　并行设置界面

（1）Do Not Use　即不使用并行功能。

（2）Shared Memory Multiprocessing（SMP）　SMP 是共用内存型加速，是以线程为单位进行加速计算的方法。SMP 最主要的特征是它限定于一台计算机上进行计算，无法实现多台计算机共同加速。因此，无法实现大于计算机线程数的加速。此外，JMAG 中将并行度限定为 2 ~ 36 之间的偶数。

针对 SMP 的加速效果，使用 10 个不同规模、不同种类的模型进行 2 ～ 36 并行度的测试（表 3-1），并计算出以非并行为基准的加速效果（图 3-22）。

表 3-1　10 个不同的模型

| 模型名 | 模型类型 | 2D/3D | Study 类型 | 网格数量 |
|---|---|---|---|---|
| IPMC | 内嵌式永磁电机 | 3 | 瞬态 | 347436 |
| ALT | 信息不详 | | | |
| ALTC | 发电机 | 3 | 瞬态 | 424378 |
| SPM | 信息不详 | | | |
| STP | 步进电机 | 3 | 瞬态 | 750236 |
| IH | IH 加热器 | 3 | 频响应 | 1019658 |
| IF | 感应炉 | 3 | 频响应 | 492074 |
| IPM2 | 内嵌式永磁电机 | 3 | 瞬态 | 494983 |
| IPM2S | 内嵌式永磁电机 | 3 | 瞬态 | 13030 |
| BM | 有刷电机 | 2 | 瞬态 | 35216 |

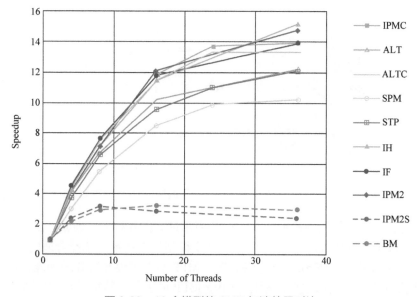

图 3-22　10 个模型的 SMP 加速效果对比

　　可以看出，大部分模型的加速效果都随着并行度的增加而增加，并且并行度在 20 以下时效果最为明显，之后慢慢趋于稳定。同时也可以发现，IPM2S 模型和 BM 模型在高并行度下效果非常不好，甚至出现了下降。引起这一现象的主要原因是这 2 个模型规模不大，具体来说有以下两点：

　　1）无法并行的处理。CAE 的计算除了可以用中央处理器（CPU）加速的部分以外，还有一些文件写入写出等无法使用并行处理的部分。当模型规模不大时，这些部分占有的比重就会增大。如图 3-23 所示，无法并行的处理约占 4%，即便是并行处理加速了 10 倍，实际的加速效果也只有 7 倍左右。

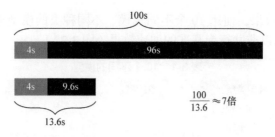

图 3-23　无法并行处理的影响

2）CPU 等待。JMAG 在进行并行计算时会进行如图 3-24 所示的模型分割，分割的单位被称为 Part，各个 Part 由各个 CPU/ 线程负责处理。而 Part 与 Part 之间交接的部分被称为内部区域，该部分的计算需要在相邻 2 个 Part 都计算完成后进行。因此，当模型规模不大，并且分割出的 Part 数很多（并行度很高）时，内部区域的占比就会很大，极易引起 CPU 等待的问题，从而导致计算时间增大。

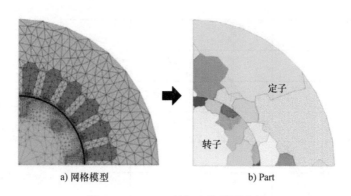

a) 网格模型　　　　　　　　　　b) Part

图 3-24　JMAG 并行下的模型分割

综上所述，对于小规模的模型，并不推荐使用过高的并行度。通常，2D 模型选择 4 ~ 8 的并行度就可以了。具体可以参考表 3-1 中 10 个模型的网格数，选择合适的并行度。

（3）Massively Parallel Processing（MPP）　MPP 是大规模并行处理功能，需要基于英特尔 MPI 库进行计算机之间的通信。相比 SMP，MPP 最主要的特征是可以实现多个计算机协同加速的功能，多用于超大规模的模型计算。当然，也可以将其用于单个计算机进行 36 并列度以上的加速计算。此外，JMAG 中将并行度限定为 2 ~ 512 之间的偶数。与 SMP 相同，小规模模型使用较高的并行度会起到相反的效果，因此我们推荐仅仅在计算超大规模模型（大于 100 万网格）时，才使用高并行度。

（4）Use GPU（GPU 加速）　通过 GPU 强大的处理能力来进行大规模模型计算。近年来，GPU 的性能提升已经在多核计算、并行计算上超过了 CPU。除了 GPU 本身擅长的图像处理以外，计算机的计算处理中也常常使用 GPU。JMAG 自从 2012 年开始提供 GPU 计算求解器，并且一直在改善其性能。利用表 3-2 的两款硬件进行 CPU 与 GPU 计算速度的对比，并对一个永磁同步电机进行计算，其结果如图 3-25 所示。以单核非并行计算为参照，使用 1 个 GPU 计算，加速约 10 倍；使用 2 个 GPU 计算，加速约 14 倍。此外，与 SMP 及 MPP 相似，小模型的计算并不适用用 GPU 进行，GPU 适合大于 100 万网格的大规模模型计算。

表 3-2　CPU 与 GPU 对比用硬件

| 硬件 | CPU Intel® Xeon® X5670 | GPU NVIDIA® Tesla® K40 |
|---|---|---|
| 主频 /GHz | 2.93 | 0.745 |
| 核数 | 6 核 12 线程 | 2880 |
| 内存 /GB | 24 | 12 |
| 内存带宽 /（GB/s） | 32 | 288 |

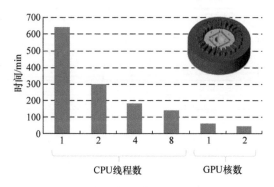

图 3-25　CPU 与 GPU 加速性能对比

### 3.3.2　求解器

在求解器计算控制的界面内（图 3-26），JMAG 针对一些特殊应用，设置了一些加快求解器收敛速度的功能，其中主要有 3 块设置内容：① "Steady-State Approximate Transient Analysis"——近似稳态仿真；② "Time Periodic Explicit Error Correction（TP-EEC）"——时间周期补正；③ "Treat Convergence Failure as Error"——不收敛时视为报错。

需要注意的是，此处的设置并非适用于所有模型，而是针对一些特殊应用场景能起到很大效果的设置。

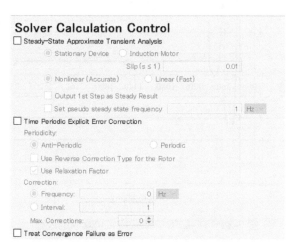

图 3-26　求解器计算控制的界面

（1）Steady-State Approximate Transient Analysis（近似稳态仿真）　该功能主要针对感应电机、变压器及电抗器这类产品。例如，感应电机在起动后需要一定的时间到达稳定状态，通过此处的设置可以在第一个 Step 就进行一个十分接近于稳定状态的计算，从而将这个过程缩短，节省计算时间。如图 3-27 所示，通过使用近似稳态仿真，可以看到第一个 Step 处的值就已经十分接近稳定状态，从而加速了感应电机的转矩稳定速度，不再需要计算大量周期。

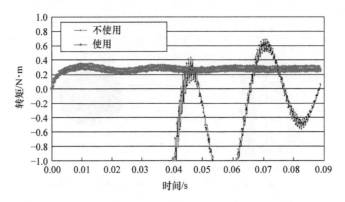

图 3-27　近似稳态仿真在感应电机仿真中的效果

（2）Time Periodic Explicit Error Correction（TP-EEC，时间周期补正）　这是一个与近似稳态仿真类似的功能，但是其适用范围更广。TP-EEC 可以通过人为输入 1 个周期或半个周期的电源频率，将计算结果与输入频率进行对比，加快收敛速度的功能。如图 3-28 所示，通过使用 TP-EEC 可以实现感应电机仿真的快速稳定。此处需要提及的是，近似稳态仿真与 TP-EEC 的目的是相同的，均是加快需要稳定仿真的稳定速度，缩短计算时间，但是两者的实现方法及适用范围有所不同。此外，如果仿真对象满足两者的要求，则可以同时使用这两种方法。

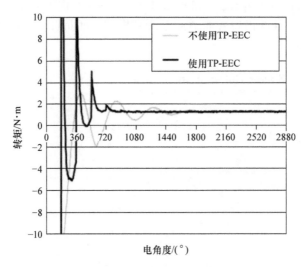

图 3-28　TP-EEC 在感应电机仿真中的效果

（3）Treat Convergence Failure as Error（不收敛时视为报错）　这是一个计算报错选项。勾选这个选项后，如果仿真过程中某一个 Step 的计算不收敛，则直接报错停止计算。大部分情况下，我们不推荐勾选该选项。

### 3.3.3　线性求解器

JMAG 中的电磁场仿真典型代表流程如图 3-29 所示。其中，反复迭代计算的部分有两处，分别是决定了材料特性的非线性迭代以及线性化的方程反复迭代求解这两处。在这两处反复处理的过程中，如果判定方法及判定值设置不当，则会引起计算精度的下降或计算时间的浪费。

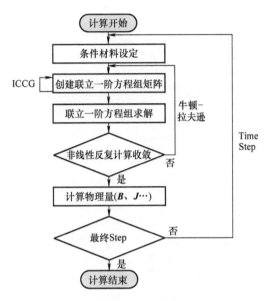

图 3-29　电磁场仿真典型代表流程

因此，JMAG 将求解器设置分成了线性求解器和非线性求解器两个部分。此处的线性求解器是针对线性化的方程求解，用于计算场的分布，其界面如图 3-30 所示。

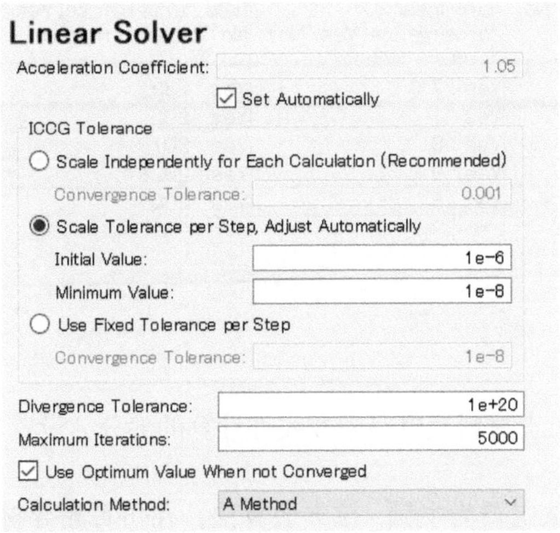

图 3-30　3D 磁场仿真下线性求解器界面

此处的算法主要为 ICCG 法，即预处理不完全 Cholesky 共轭梯度法。关于算法内容，本书不会涉及，大部分情况下用户只需要使用默认选项即可。此外，JMAG 在 17.0 版本中加入了直接法。直接法是用于 ICCG 法出现问题不收敛时使用的替代法，通常还是以 ICCG 法为主。需要介绍的是，在 3D 仿真的情况下，我们需要根据计算内容设定 ICCG 方法选项，而 2D 时并不需要设置。如图 3-31 所示，ICCG 解法分为 "A Method" "A-phi Method 1" 和 "A-phi Method 2" 3 种。

| Calculation Method: | A Method ˅ |
|---|---|
| | A Method |
| | A-phi Method 1 |
| | A-phi Method 2 (Recommended) |

图 3-31　3D 仿真时 ICCG 的解法选项

区分使用的标准如下：

1）如果不考虑涡流，则选用 "A Method"。

2）如果考虑涡流，则选用 "A-phi Method 2"。

3）如果考虑涡流并且 "A-phi Method 2" 不收敛，则选用 "A-phi Method 1"。

合理地选用方法可以改善 ICCG 的收敛性，对计算精度及速度有一定的帮助。那么，如何查看仿真中 ICCG 的收敛性呢？可以通过 [Report]-[Solver Report] 查看求解器报告。在报告中的 [[Magnetic Field Analysis] Convergence List] 处可以看到每一个 Step 的迭代情况。如图 3-32 所示，第一个 Step 的非线性求解器显示 Yes，表示收敛；后方数字表示迭代次数，即 7 次迭代完成收敛。第 4 列表示线性求解器的结果，Yes 同样代表收敛但是需要进行 239 次迭代。如果计算中出现了某一个求解器的结果显示为 No，则表示计算不收敛，会对计算精度产生影响。针对 ICCG 的收敛性问题常见的有：考虑涡流的仿真中没有使用 "A-phi Method 2"、网格过粗或者网格质量低。

| [Magnetic Field Analysis] Convergence List | | | | |
|---|---|---|---|---|
| Adaptive stage | Step No. | non-linear convergence(Yes/No) iteration number | field convergence(Yes/No) iteration number | acceleration factor of ICCG |
| - | 1 | Yes : 7 | Yes : 239 | .050 |
| - | 2 | Yes : 7 | Yes : 202 | 1.050 |
| - | 3 | Yes : 8 | Yes : 207 | 1.050 |
| - | 4 | Yes : 9 | Yes : 202 | 1.050 |
| - | 5 | Yes : 8 | Yes : 200 | 1.050 |
| - | 6 | Yes : 8 | Yes : 202 | 1.050 |

图 3-32　求解器报告

### 3.3.4　非线性

非线性求解器主要负责材料及电路中非线性计算的部分，设置界面如图 3-33 所示。

*1. 界面设置*

非线性求解器的算法主要为牛顿 - 拉夫逊算法，在仿真超导材料时才使用 "Successive（逐次逼近法）"。在该界面中有 3 处设置需要用户根据需求进行调整：① "Maximum Nonlinear Iterations" ——最大非线性迭代次数；② "Use Strict Criteria for Convergence Tolerance" ——严格收敛判断；③ "Use High Speed Solver" ——使用高速求解。

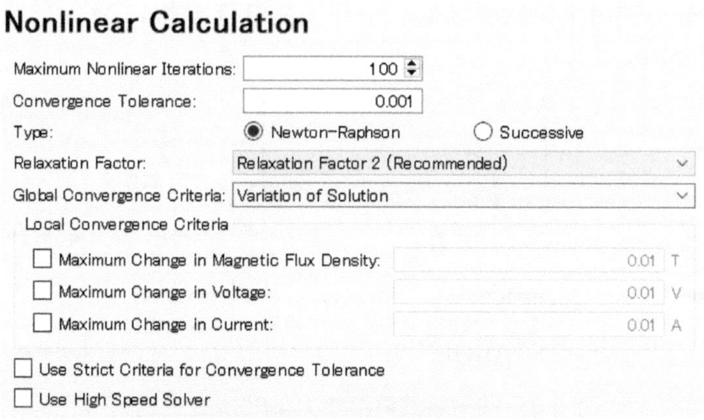

## Nonlinear Calculation

| | |
|---|---|
| Maximum Nonlinear Iterations: | 100 ⬍ |
| Convergence Tolerance: | 0.001 |

Type:　　　　　　　　　　● Newton-Raphson　　　○ Successive

Relaxation Factor:　　　　Relaxation Factor 2 (Recommended)　　　∨

Global Convergence Criteria: Variation of Solution　　　　　　　　∨

　Local Convergence Criteria

　☐ Maximum Change in Magnetic Flux Density:　　　　　0.01　T

　☐ Maximum Change in Voltage:　　　　　　　　　　　0.01　V

　☐ Maximum Change in Current:　　　　　　　　　　　0.01　A

☐ Use Strict Criteria for Convergence Tolerance
☐ Use High Speed Solver

图 3-33　非线性设置界面

（1）Maximum Nonlinear Iterations（最大非线性迭代次数）　其代表的是 JMAG 进行非线性计算时最多迭代的次数。当到了最大迭代次数时还没有收敛，则会判定为收敛失败。如 3.3.2 节所述，如果求解器设置处的 "Treat Convergence Failure as Error" 没有被勾选上的话，则软件不会报错，并会直接使用最终结果，从而导致计算精度出现问题。此处的默认值为 "15"，我们推荐改为 "50" 或 "100"。

（2）Use Strict Criteria for Convergence Tolerance（严格收敛判断）　通常计算中不用勾选，仅在针对计算高精度涡流时勾选即可。该选项虽然会增加计算时间，但是对精度会有一定的提升，属于对精度的要求高于计算速度时选用的方法。

（3）Use High Speed Solver（使用高速求解）　这是在非线性计算中，使用前一个 Step 的结果作为基础来计算后一个 Step 的方法。因此作为限制，如果运动变化等因素导致 Step 之间的差异过大，则不适合使用该方法。此外，在电机的空载仿真中，由于电路端子开路导致非线性计算在 Step 之间差异较大，也不推荐使用该方法。

### 2. 不收敛问题的解决方法

针对非线性求解器不收敛的问题，常见的解决方法如下。

（1）*B-H* 曲线存在问题　如上文所述，非线性求解器主要用于材料的非线性计算，其中，*B-H* 曲线是电磁场仿真中极其重要的材料数据。当自定义材料时，往往通过实测得到 *B-H* 曲线，而实测的误差往往会导致 *B-H* 曲线出现问题，从而导致非线性计算不收敛。具体如图 3-34 所示，当 *B-H* 曲线斜率单调减小时或者仅存在一个拐点增加后单调减小时，可以用于电磁场仿真。而当 *B-H* 曲线存在多个拐点甚至毫无单调性时，则不可用于计算，会引起计算不收敛的问题。因此，许多时候在获得 *B-H* 曲线后需要人为地对其进行微调，以保证 *B-H* 曲线少于 2 个拐点。

（2）电路使用二极管　二极管是一个非线性元件，它的存在会引起电路计算的不收敛。因此，我们推荐尽量不使用二极管，如果非要使用二极管元件的话，则将二极管的属性设为理想二极管，并将非线性设置中的 [Relaxation Factor] 设为 [Relaxation Factor 1]，如图 3-35 所示。

（3）电位源（1 Terminal）直接连接 FEM coil 或 FEM conductor　由于 FEM 元件是将电路与电磁场进行连接的元件，通常第一个 Step 的仿真会很难收敛，此时再外接电位源有可能导致第一个 Step 不收敛。如果不发生问题，则可以不进行修改。当发生问题时，可以尝试在第一个 Step 不输出电位或者增加一个开关在电位源和 FEM 元件之间，断开第一个 Step，闭合第二个 Step。

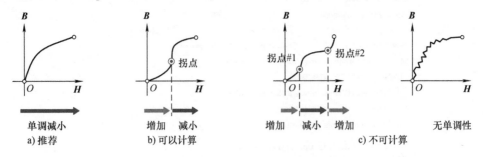

图 3-34　B-H 曲线是否可以用于仿真的判定图

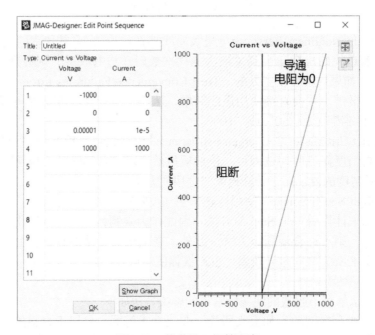

图 3-35　推荐的二极管设定

## 3.4　本章小结

　　本章介绍了 JMAG 中的重要设置及相关基本概念。首先介绍了 Study 的种类，希望读者可以根据需求选择合适的 Study。其次，介绍了网格中一些重要的功能，合理地使用这些功能，可以减少计算量并且提升计算精度。最后，介绍了 JMAG 中的求解器设置，其中对一些常用设定进行了介绍，常见计算都可以参照此处的内容进行设定。不过，上述这些设定都属于略微高阶的功能，可能不使用这些设定仿真依然可以进行，依然可以得到一个看似正确的结果。但是，仿真结果是否真的正确，仿真时间是否可以更短都对用户的使用有很大的影响。作为一款 CAE 软件而言，JMAG 并不难用。希望读者可以多多尝试使用一些高阶功能，虽然可能会出现报错等问题，但是一旦会用之后，是能够提高工作效率的。

# 第4章 JMAG 永磁同步电机仿真

永磁同步电机由定子、转子和端盖等部件构成。定子与普通感应电机基本相同，采用叠片结构以减小电机运行时的铁耗。转子可做成实心，也可用叠片叠压。电枢绕组可采用集中整距绕组，也可采用分布短距绕组和非常规绕组。

永磁同步电机以永磁体提供励磁，使电机结构较为简单，降低了加工和装配费用，且省去了容易出问题的集电环和电刷，提高了电机运行的可靠性；又因无须励磁电流，没有励磁损耗，提高了电机的效率和功率密度。

本章节将讲述永磁同步电机的建模、材料设置、条件设置、网格设置、分析设置、运行计算、结果显示和分析等，让读者掌握 JMAG 永磁同步电机的 2D 模型创建和仿真分析过程。

该案例文件位于：JMAG 安装文件（Install File）\sample\2dmotor。

## 4.1 创建几何模型

### 4.1.1 设置单位

1）启动 JMAG-Designer。

2）从主菜单栏中选择 [Tools] > [Preferences]。

[Preferences] 对话框会出现

3）选择 [Units]。

4）点击 ➕ 按钮。

[Units] 对话框会出现

5）在 [Title] 文本框输入一个名称。

此处，用"2D_PM_motor"作为名称

6）在 [Units] 列表中输入正确的参数，如图 4-1 所示。

7）单击 [OK]。

[Units] 对话框会关闭，并且 [Preferences] 对话框会出现

8）单击 [OK]。

[Preferences] 对话框会关闭

### 4.1.2 打开 [Geometry Editor] 窗口

1）在树视图中的 [Project:<Untitled>] 上单击右键。

快捷菜单会出现

2）选择 [Geometry Editor] > [Create Geometry]，如果出现图 4-2 所示的警告对话框，则单击 [Yes]。

| Category | Unit |
|---|---|
| Length | mm |
| Angle | deg |
| Time | s |
| Frequency | Hz |
| Revolution speed | r/min |
| Resistance | ohm |

图 4-1 Units 设置

[Save As] 对话框会出现，创建几何模型需要先保存 JMAG 项目文件

3）指定需要存档的文件夹。

4）在 [File Name] 文本框中输入文件名，并点击 [Save]。

此处，用"2D_PM_motor"作为名称，JMAG 项目文件（*.jproj）会保存到指定的文件夹，并且 [Geometry Editor] 窗口会跳出

图 4-2　打开几何编辑器弹窗

5）从主菜单栏中选择 [Tools] > [Preferences]。

[Preferences] 对话框会出现

6）在 [System Options] 选项卡中选中 [Snap]，并确保所有复选框都被选中。

若未全选中，请将所有的选项都选中

7）选择 [Document Properties] 复选框。

8）确保 [Units]>[Length]>[mm] 选中。

9）选择 [Grid]，并在 [Grid] 对话框设置如图 4-3 所示的网格参数。

10）单击 [OK]。

| Item | Parameter |
| --- | --- |
| Major grid space | 10.0mm |
| Minor lines per major | 5 |
| Snap points per minor | 2 |

图 4-3　网格参数设置

## 4.1.3　创建转子铁心

1）在树视图中的 [Assembly] 下选择 [XY Plane]。

2）点击工具栏中的按钮 [Create Sketch]。

网格将会在绘图窗口的 XY 平面上显示，[Sketch] 将自动添加到树视图下的 [Assembly] 中，当编辑 [Sketch] 时，标记将会显示，如图 4-4 所示

3）单击工具栏按钮⊕ [Circle]。

4）在图形窗口单击原点。

[Treeview] 选项卡会切换成 [Control] 选项卡，并且圆设置对话框会出现

5）单击图形窗口的任意一点。

这样就创建好了一个圆，如图 4-5 所示

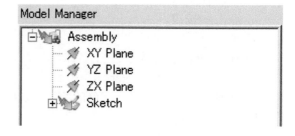

图 4-4　进行几何编辑状态

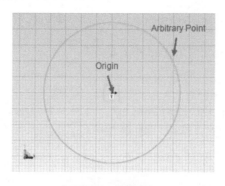

图 4-5　创建圆

6）单击工具栏按钮 [Select] 。

7）选中刚创建的圆并单击右键，然后选择 [Constraint（Radius/Diameter）] 。

*CAD 参数将会在图形窗口显示，[Treeview] 选项卡将会切换成 [Control] 选项卡，[Radius/Diameter] 设置框也会随即出现*

8）在 [Radius/Diameter] 设置中输入如图 4-6 所示的参数，并按 [Enter] 键。

*指定的半径值会在预览中显示*

9）在 [Radius/Diameter] 设置中单击 [OK]。

*[Radius/Diameter] 设置框将会关闭，并且 [Control] 选项卡会自动切换成 [Treeview] 选项卡*

10）按相同的步骤，根据图 4-7 所示的条件半径创建圆。

| Item | Parameter |
| --- | --- |
| Radius | 8.0 |
| Type | Radius |

图 4-6　半径值确定

| Item | Parameter |
| --- | --- |
| Radius | 27.5 |
| Type | Radius |

图 4-7　新的圆半径确定

11）单击工具栏按钮 [Fit to Window] 。

*将显示整个几何图形，如图 4-8 所示*

12）单击工具栏按钮 [Line] 。

13）在图形窗口单击原点。

14）在原点右侧并且位于 Circle 1 外侧的 X 轴上双击任意一个位置，然后创建一条比圆半径长的线段。

*一条水平约束的线段已经创建好，如图 4-9 所示*

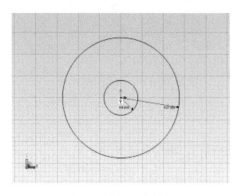

图 4-8　整个几何图形

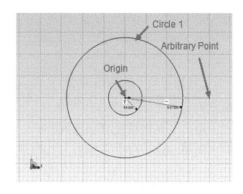

图 4-9　创建一条水平线段

15）以相同的步骤创建另一条任意长度和角度的线段，如图 4-10 所示。

16）单击工具栏按钮 [Select] 。

17）按住 [Shift] 键的同时，选中第 13）～ 15）步所创建的两条线段，单击右键，然后选择 [Constraint（Angle）] 。

*2 条线段之间有个夹角，[Treeview] 选项卡会切换成 [Control] 选项卡，并且 [Angle] 设置对话框会出现*

18）如图 4-11 所示的表格参数，完成 [Angle] 设置对话框中的参数设置，并按 [Enter] 键。

指定的角度值会在预览中显示。

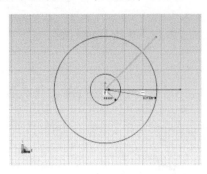

| Item | Parameter |
| --- | --- |
| Angle | 45.0 |

图 4-10　创建任意一条线段　　　　　　图 4-11　确定两条线段的角度

19）在 [Angle] 设置对话框中单击 [OK]。

[Angle] 设置框会关闭，并且 [Control] 选项卡会切换成 [Treeview] 选项卡，如图 4-12 所示

20）单击工具栏按钮 [Sketch Trim] 。

21）单击图 4-13 中显示的不需要的多余线段。

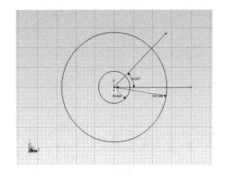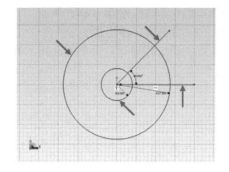

图 4-12　角度确定完成　　　　　　　　图 4-13　多余线段

图形将变成图 4-14 所示的样子

22）单击工具栏按钮 [Line] 。

23）创建一条平行于 X 轴并且比圆弧半径长的线段，如图 4-15 所示。

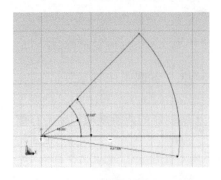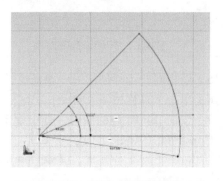

图 4-14　多余线段删除完成　　　　　　图 4-15　创建一条新的线段

24）单击工具栏按钮 [Select] 。

25）按住 [Shift] 键的同时，选中位于 X 轴上的线段和第 23）步所创建的线段。

26）在图形窗口中单击右键，然后从快捷菜单中选择 [Constraint（Distance）] 。

*CAD 参数会在图形窗口中显示，[Treeview] 选项卡会切换成 [Control] 选项卡，并且 [Distance] 设置对话框会出现*

27）在 [Distance] 设置框中输入图 4-16 所示的数值，然后按 [Enter] 键。

*指定的距离值会在预览中显示*

28）在 [Distance] 设置框中单击 [OK]。

*[Distance] 设置框会关闭，并且 [Control] 选项卡会切换成 [Treeview] 选项卡，如图 4-17 所示*

| Item | Parameter |
|------|-----------|
| Distance | 0.75 |

图 4-16　线段之间距离确定

29）单击工具栏按钮 [Line] 。

30）创建 2 条和 Line 1 相交的线段，如图 4-18 所示。

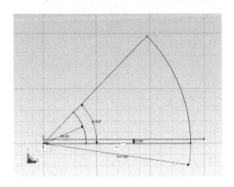

图 4-17　距离设置完成

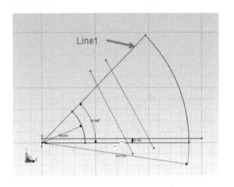

图 4-18　创建 2 条新的线段

31）单击工具栏按钮 [Select] 。

32）按住 [Shift] 键，同时选中 Line 1 和 Line 2，再单击右键，然后选择 [Constraint（Perpendicularity）] ⊥。

*2 条线段被垂直约束，如图 4-19 所示*

33）根据相同的步骤，将第 29）～ 30）步所创建的线段和原点进行距离约束，如图 4-20 与图 4-21 所示。

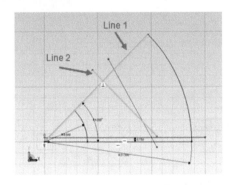

图 4-19　对 2 条线段进行垂直约束

| | Item | Parameter |
|---|------|-----------|
| Origin - Line 2 | Distance | 13.0 |
| Line 2 - Line 3 | Distance | 2.5 |

图 4-20　确定距离大小

34）创建一条长于弧半径的水平线段，如图 4-22 所示。

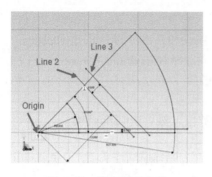

图 4-21　约束设定完成

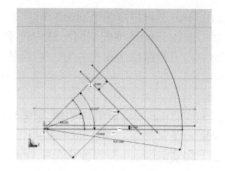

图 4-22　创建水平线段

35）单击工具栏按钮 [Sketch Trim]　。

36）单击图 4-23 所示的不需要的线段。

图形最终如图 4-24 所示，确定是否按要求进行约束，如果不正确，则请重复上述约束

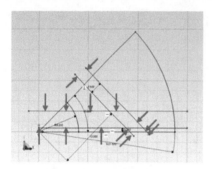

图 4-23　删除多余线段

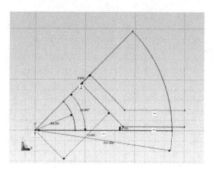

图 4-24　删除线段之后

37）单击工具栏按钮 [Select]　。

38）选中图 4-25 所示的线段，然后选择 [Constraint（Distance）]　。

[Treeview] 选项卡会切换成 [Control] 选项卡，并且 [Distance] 设置框会出现

39）在 [Distance] 设置框中输入图 4-26 所示的参数值，然后按 [Enter] 键。

指定的距离值会在预览中显示

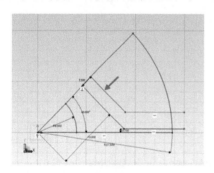

图 4-25　选择线段

| Item | Parameter |
| --- | --- |
| Distance | 10.905 |

图 4-26　确定线段长度

40）在 [Distance] 设置框中单击 [OK]，界面如图 4-27 所示。

41）单击工具栏按钮 [Circle]　。

42）按照第 3）～ 9）步所述的步骤创建相应条件的圆，并设置 Constraint（Radius/

Diameter），如图 4-28 和图 4-29 所示。

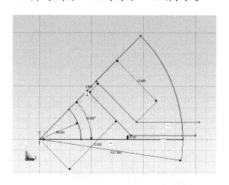

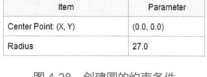

| Item | Parameter |
|---|---|
| Center Point: (X, Y) | (0.0, 0.0) |
| Radius | 27.0 |

图 4-27　线段长度约束完成　　　　　　　图 4-28　创建圆的约束条件

43）单击工具栏按钮 [Sketch Trim] ✂。

44）单击图 4-30 所示的多余线段。

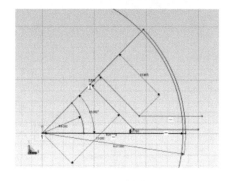

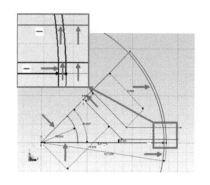

图 4-29　圆创建完成　　　　　　　　　　图 4-30　单击多余线段

编辑后的图形如图 4-31 所示

45）单击工具栏按钮 [Line] ✎。

46）根据图 4-32 所示的条件创建一条线段，将它和原点设置距离约束，并且将其和 X 轴设置角度约束。

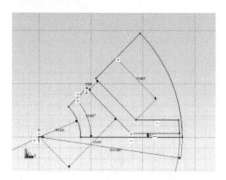

| Item | Parameter |
|---|---|
| Start Point: (X, Y) | (0.0,0.0) |
| Length | 11.5 |
| Angle | 15.0 |

图 4-31　多余线段删除完成　　　　　　　图 4-32　创建线段的约束条件

47）单击工具栏按钮 [Circle] ⊕。

48）以第 46）步所创建的线段的端点为中心创建一个任意大小的圆，然后根据图 4-33 所示的条件设置 Constraint（Radius/Diameter），具体如图 4-34 所示。

| Item | Parameter |
|------|-----------|
| Diameter | 3.0 |
| Type | Diameter |

图 4-33　圆的直径确定

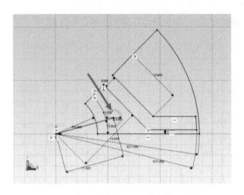

图 4-34　圆创建完成

49）以图 4-35 所示的线段的端点为中心创建一个任意大小的圆，然后根据图 4-36 所示的条件设置 Constraint（Radius/Diameter）。

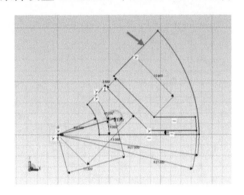

图 4-35　线段端点确定

| Item | Parameter |
|------|-----------|
| Diameter | 4.0 |
| Type | Diameter |

图 4-36　确定圆的直径

50）按住 [Shift] 键的同时，选择第 49）步所显示的线段和所创建的圆的圆心，单击右键，然后选择 [Constraint（Coincident）] ✗。

这条线段和这个圆的中心将被设置 [Constraint（Coincident）] 约束

51）参照第 24）~ 28）步，将该圆的中心和原点设置距离约束，如图 4-37 所示。

52）单击工具栏按钮 [Sketch Trim] ✗。

53）单击不需要的线段，如图 4-38 所示。

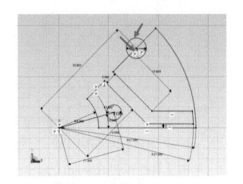

| Item | Parameter |
|------|-----------|
| Distance | 22.0 |

图 4-37　确定圆心位置

图 4-38　单击不需要的线段

编辑后的图如图 4-39 所示

54）单击工具栏按钮 [Select]▶。

55）拖动鼠标并选中已创建好的几何模型。

56）单击工具栏按钮 [Create Region]▨。

所创建的区域会加亮显示，如图 4-40 所示

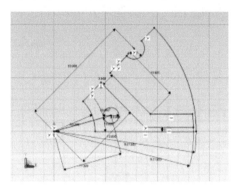

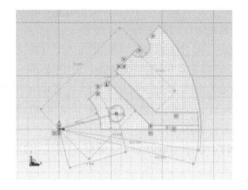

图 4-39　删除完不需要的线段　　　　　　图 4-40　创建区域

57）在 [Create Region] 设置框中单击 [Apply]，并单击 [Close]。

所创建的面域和所选中的面域中的对象显示成白色

58）选中图 4-41 所示的孔状区域，并按 [Delete] 键删除。

所选中的面域会被删除

59）单击工具栏按钮 [Region Linear Pattern]▦附近的 ▼，然后从下拉列表中选择 [Region Mirror Copy] 按钮▦。

[Treeview] 选项卡会切换成 [Control] 选项卡，并且 [Region Mirror Copy] 设置框会出现，[Edge] 列表用粉红色加亮显示

60）单击图 4-42 中所示的线段。

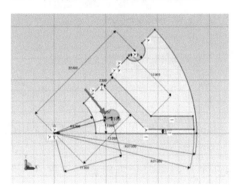

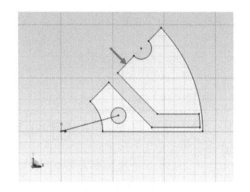

图 4-41　选中孔状区域　　　　　　　　图 4-42　选中线段

所选中的线段会在 [Region Mirror Copy] 设置框中的 [Edge] 列表框中显示，此外，[Region] 列表会以粉红色加亮显示

61）选中图形窗口中的面域。

将要复制的面域将会在预览中显示，所选中的面域将会在 [Region Mirror Copy] 设置对

话框中的 [Region] 列表中显示

62）勾选 Option 选项下方的 [Merge Regions] 复选框。

63）在 [Region Mirror Copy] 设置框中单击 [OK]。

编辑完成的几何模型如图 4-43 所示

[Region Mirror Copy] 设置框会关闭，并且 [Control] 选项卡会切换成 [Treeview] 选项卡

64）在树视图中的 [Assembly] 中的 [Sketch] 上单击右键，然后选择 [Property]。

[Property] 对话框将会打开

65）在 [Name] 文本框中输入一个名称。

此处，采用 "Rotor core" 作为名称

66）单击 [Color] 按钮，然后选取一种颜色。

此处，选取一种绿色，如果需要的颜色不在 [Color] 列表中，则可以通过单击 ⋯ 按钮选择更多的颜色

67）在 [Properties] 对话框中单击 [OK]。

该转子铁心将会以所选定的颜色显示，[Treeview] 中的 [Assembly] 下的 [Sketch] 名称将会变成 [Properties] 里的 [Name] 文本框中所输入的名称

68）单击工具栏按钮 [End Sketch] ，草图编辑将会结束。

图形窗口的网格会消失，标记 也会从树视图中的 [Assembly] 下的 [Rotor core] 中消失，最终创建的几何模型如图 4-44 所示

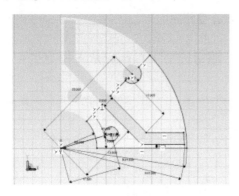

图 4-43　编辑完成的几何模型

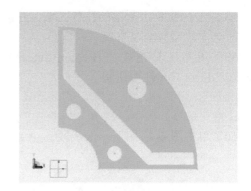

图 4-44　转子铁心创建完成

### 4.1.4　创建永磁体

1）选中树视图中的 [Assembly] 下的 [XY Plane]，然后单击工具栏按钮 [Create Sketch] 。

[Sketch. 2] 将自动添加到树视图下的 [Assembly] 中，网格将会在绘图窗口的 XY 平面上显示，当编辑 [Sketch.2] 时，标记 将会显示

2）选中工具栏按钮 [Convert Sketch] 。

[Treeview] 选项卡将会切换成 [Control] 选项卡，并且 [Convert Sketch] 设置框会出现

3）按住 [Shift] 键的同时，单击图 4-45 所示的转子铁心上的 2 条线段。

4）在 [Convert Sketch] 设置框中先单击 [Apply]，然后单击 [Close]。

所选中的 2 条线段将转换到草图中，如图 4-46 所示

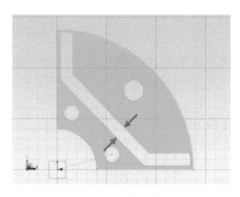

图 4-45　转子铁心的 2 条线段

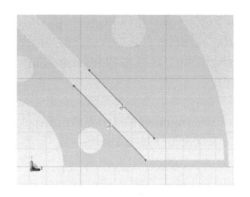

图 4-46　线段转换为草图

5）按住 [Shift] 键的同时，选中已经转换成的 Line 1 的端点，再选中 Line 2，然后单击右键并选择 [Vertical Line] ⊥。

*所创建的线段会加亮显示，如图 4-47 所示*

6）在 [Vertical Line] 设置框中先单击 [Apply]，然后单击 [Close]。

*一条线段已经创建，如图 4-48 所示*

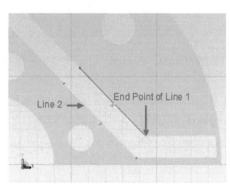

图 4-47　选中端点和线段

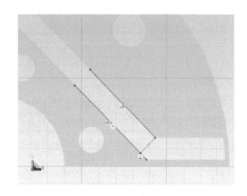

图 4-48　垂线创建完成

7）单击工具栏按钮 [Vertical Line] toolbar button ⊥旁边的下拉菜单 ▾，然后从下拉菜单中选择 [Sketch Trim] ✂。

8）选中图 4-49 所示的多余的线段。

*编辑完成后如图 4-50 所示*

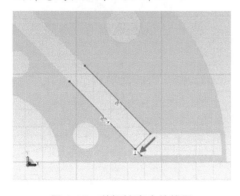

图 4-49　剪切掉多余的线段

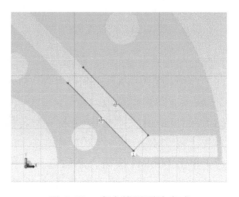

图 4-50　多余线段删除完成

9）单击工具栏按钮 [Select]。

10）拖动鼠标并选中所创建的几何图形。

11）选中工具栏按钮 [Sketch Trim] 旁边的下拉菜单，然后在下拉列表中选择 [Joint]。

*所创建的线段会加亮显示，如图 4-51 所示*

12）在 [Joint] 设置框中先单击 [Apply]，然后单击 [Close]。

*一条线段已经创建，如图 4-52 所示*

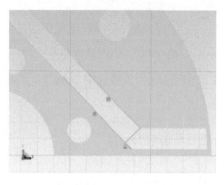

图 4-51　创建剩余线段以形成封闭图形

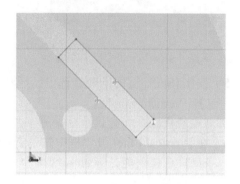

图 4-52　线段创建完成

13）选中已经创建好的几何体，单击工具栏按钮 [Create Region]，然后创建面域，如图 4-53 所示。

14）单击工具栏按钮 [Region Mirror Copy]，然后以图 4-54 所示的线段为参照线做一个镜像复制，并勾选 [Option] 选项下方的 [Merge Regions] 复选框。

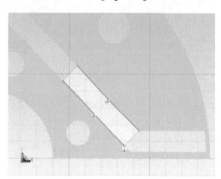

图 4-53　创建面域

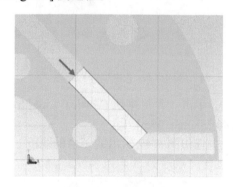

图 4-54　选中镜像的参照线段

*编辑后的图形如图 4-55 所示*

15）在树视图中 [Assembly] 中的 [Sketch.2] 上单击右键，然后选择 [Property]。

*[Properties] 对话框会出现*

16）在 [Name] 文本框中输入一个名称。

*此处，用"Magnet"作为名称*

17）单击 [Color] 按钮，然后选择一种颜色。

*此处，选取一种灰色，如果需要的颜色不在 [Color] 列表中，则可以通过单击 按钮选取更多的颜色*

18）在 [Properties] 对话框中单击 [OK]。

永磁铁会以灰色显示，[Treeview] 中的 [Assembly] 下的 [Sketch] 名称将会变成 [Properties] 里的 [Name] 文本框中所输入的名称

19）单击工具栏按钮 [End Sketch] ，草图编辑将结束。

网格将会在图形窗口消失，标记 将会从树视图中的 [Assembly] 下的 [Magnet] 中消失，最终创建的几何模型如图 4-56 所示

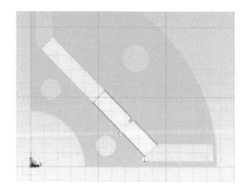

图 4-55　面域镜像复制

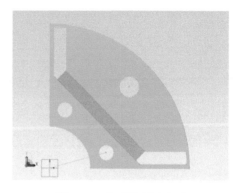

图 4-56　永磁体创建完成

## 4.1.5　创建定子铁心

1）在树视图中的 [Assembly] 中的 [Rotor core] 上单击右键，然后选择 "Invisible"。

转子铁心将隐藏在图形窗口中

2）用相同的步骤隐藏 [Magnet]。

3）在树视图中 [Assembly] 下选择 [XY Plane]，然后单击工具栏按钮 [Create Sketch] 。

网格会显示在图形窗口的 XY 平面上，[Sketch.3] 被添加到树视图中的 [Assembly] 下面，当编辑 [Sketch.3] 时， 标记会出现

4）单击工具栏按钮 [Circle] 。

5）按照 "创建转子铁心" 中的第 3）～ 9）步的步骤，创建满足图 4-57 所示条件的圆。

6）单击工具栏按钮 [Fit to Window] 。

总体轮廓会显示，如图 4-58 所示

| Item | | Parameter |
| --- | --- | --- |
| Circle 1 | Center Point: (X, Y) | (0.0, 0.0) |
| | Radius | 28.0 |
| Circle 2 | Center Point: (X, Y) | (0.0, 0.0) |
| | Radius | 28.9 |
| Circle 3 | Center Point: (X, Y) | (0.0, 0.0) |
| | Radius | 41.85 |
| Circle 4 | Center Point: (X, Y) | (0.0, 0.0) |
| | Radius | 56.0 |

图 4-57　创建圆的条件

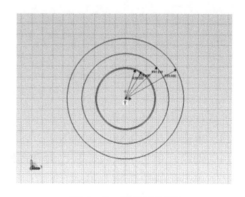

图 4-58　总体轮廓图

7）单击工具栏按钮 [Line] ✎。

8）创建 2 条线段，其半径比离圆心最远的圆的半径还要长，如图 4-59 所示。

9）单击工具栏按钮 [Select] ⬏。

10）选中第 8）步所创建的 2 条线段，然后选择 Constraint（Angle）约束，约束条件如图 4-60 所示，约束完成结果如图 4-61 所示。

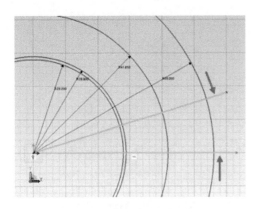

| Item | Parameter |
|------|-----------|
| Angle | 7.5 |

图 4-59　创建 2 条线段　　　　　　　　　　图 4-60　线段角度约束条件

11）单击工具栏按钮 [Joint] toolbar button ⬠ 旁边的下拉菜单 ▾，然后从下拉列表中选择 [Sketch Trim] ✎。

12）单击图 4-62 所示的多余线段。

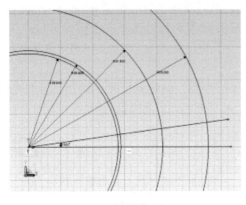
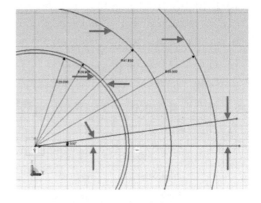

图 4-61　约束完成结果　　　　　　　　　　图 4-62　单击多余线段

编辑后如图 4-63 所示

13）单击工具栏按钮 [Line] ✎。

14）创建一条水平线段，它比最外部的圆的半径还长，其位于 $X$ 轴上方任意位置。

15）单击工具栏按钮 [Select] ⬏。

16）选中位于 $X$ 轴的线段和第 14）步所创建的线段，然后设置 Constraint（Distance）约束。约束条件如图 4-64 所示，约束完成后如图 4-65 所示。

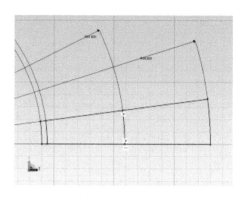

图 4-63　多余线段删除完成

| Item | Parameter |
| --- | --- |
| Distance | 1.65 |

图 4-64　线段约束条件

17）按照相同的步骤，创建一条位于 Line 1 下方的线段，如图 4-66 所示。

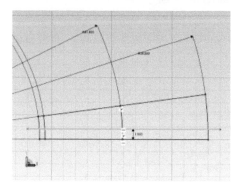

图 4-65　线段约束完成

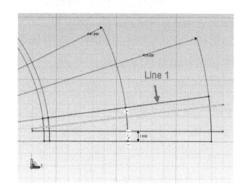

图 4-66　创建线段

18）选中 Line 1 和第 17）步所创建的线段，然后设置 Constraint（Distance）约束。约束条件如图 4-67 所示，约束条件设置完成如图 4-68 所示。

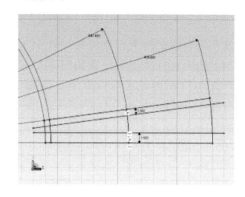

| Item | Parameter |
| --- | --- |
| Distance | 1.0 |

图 4-67　线段约束条件

图 4-68　约束条件设置完成

19）单击工具栏按钮 [Sketch Trim] 。

20）单击图 4-69 所示的多余线段。

编辑后的图形如图 4-70 所示

确认在第 14）～ 16）步所做的 Constraint(Distance) 约束是否设置好，如果没有，则再设置一遍

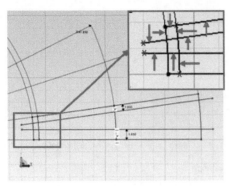

图 4-69　多余线段

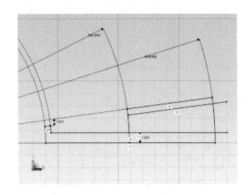

图 4-70　多余线段删除完成

21）单击工具栏按钮 [Circle] ⊕，所创建的圆如图 4-71 所示。

22）单击工具栏按钮 [Select] ▶ 。

23）按住 [Shift] 键的同时，选中如图 4-72 所示的线段，然后选中该圆，单击右键，然后选择 [Constraint（Tangency）] ⟜ 。

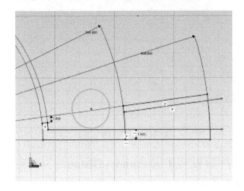

图 4-71　创建圆

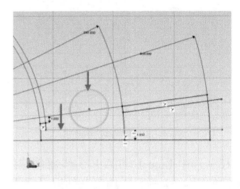

图 4-72　约束线段与圆

该线段和圆的约束已经设置

24）按照相同的步骤设置如图 4-73 所示的约束。

给图 4-73 所示的圆弧和圆设置 Constraint（Tangency）约束

给图 4-74 所示的线段和圆心设置 Constraint（Coincident）约束

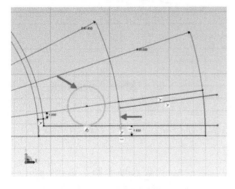

图 4-73　约束圆弧与圆

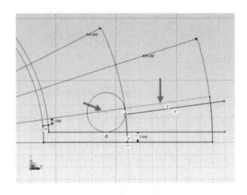

图 4-74　约束线段与圆心

25）选择工具栏按钮 [Sketch Trim] ✂️。

26）单击图 4-75 所示的多余线段。

编辑后的图形如图 4-76 所示

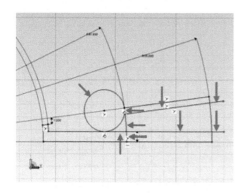

图 4-75　多余线段

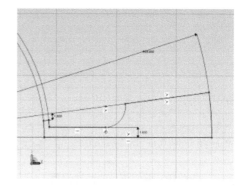

图 4-76　多余线段删除完成

27）单击工具栏按钮 [Select] ➤。

28）选中所创建的所有几何体，然后单击工具栏按钮 [Create Region] ▢，并创建面域。

29）单击工具栏按钮 [Region Mirror Copy] 🔳，然后以图 4-77 所示的线段为参照做一个镜像复制，勾选位于 [Option] 选项下方的 [Merge Regions] 复选框。

编辑后的几何图形如图 4-78 所示

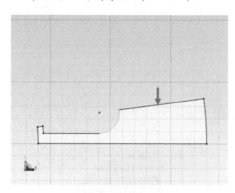

图 4-77　镜像复制的参照线

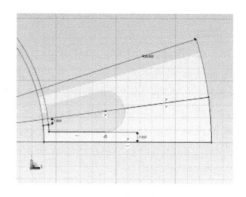

图 4-78　镜像复制完成

30）单击工具栏按钮 [Region Mirror Copy] 🔳附近的 ▾下拉菜单，然后从下拉列表中选择 [Region Radial Pattern] ✲。

[Treeview] 选项卡会切换成 [Control] 选项卡，并且 [Region Radial Pattern] 设置框会出现，[Vertex] 列表会以粉红色加亮显示

31）根据图 4-79 所示的条件设置参数值。

[Region] 列表会以粉红色加亮显示

32）选中第 29）步所创建的面域。

需要复制的面域会在预览中显示，所选中的面域会显示在 [Region Radial Pattern] 设置框中的 [Region] 列表中

33）在 Option 选项下方勾选 [Merge Regions]。

34）在 [Region Radial Pattern] 设置框中单击 [OK]。

编辑后的几何模型如图 4-80 所示

| Item | Parameter |
|---|---|
| Center | Origin |
| Angle | 15.0 |
| Instance | 6 |

图 4-79　圆心阵列的条件设置

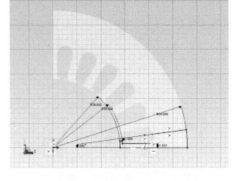

图 4-80　定子铁心阵列完成

[Region Radial Pattern] 设置框会关闭，并且 [Control] 选项卡会切换成 [Treeview] 选项卡

35）在树视图中的 [Assembly] 中的 [Sketch.3] 上单击右键，然后选择 [Property]。

[Properties] 对话框会出现

36）在 [Name] 文本框中输入一个名称。

此处，以"stator core"作为名称

37）单击 [Color] 按钮，然后设置颜色。

此处设置为粉红色，如果需要的颜色不在 [Color] 列表中，则可以通过单击 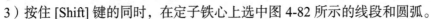 按钮选择更多的颜色

38）在 [Properties] 对话框中单击 [OK]。

定子铁心以所选定的颜色显示，[Treeview] 中的 [Assembly] 中的 [Sketch] 的名称将变成 [Properties] 中的 [Name] 文本框所输入的名称

39）单击工具栏按钮 [End Sketch] ，草图编辑结束。

图形窗口中的网格会消失，标记会从树视图中的 [Assembly] 中的 [Stator core] 中消失，最终创建的几何模型如图 4-81 所示。

### 4.1.6　创建线圈模型

1）在树视图中的 [Assembly] 中选择 [XY Plane]，然后单击工具栏按钮 [Create Sketch] 。

网格将会在图形窗口的 XY 平面上显示，[Sketch.4] 将会被添加至树视图中的 [Assembly] 中，并且编辑的过程中标记会出现

2）单击工具栏按钮 [Convert Sketch] 。

[Treeview] 选项卡会切换成 [Control] 选项卡，并且 [Convert Sketch] 设置框会出现

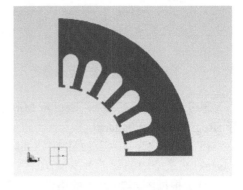

图 4-81　定子铁心创建完成

3）按住 [Shift] 键的同时，在定子铁心上选中图 4-82 所示的线段和圆弧。

4）在 [Convert Sketch] 设置对话框中单击 [Apply]，然后单击 [Close]。

所选中的线段和圆弧将被转换成草图

5）选择图 4-83 所示的线段和圆弧。

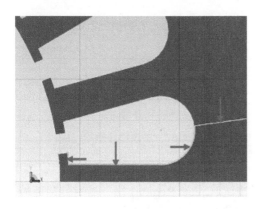

图 4-82　选中线段和圆弧

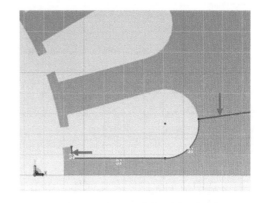

图 4-83　线段与圆弧转换为草图

6）单击工具栏按钮 [Sketch Trim] 旁边的下拉菜单 ▼，然后从下拉列表中选择 [Connect 2 Basic Shapes] 。

如图 4-84 所示，连接的部分会加亮显示

如果加亮部分和图 4-84 不一样，则在 [Pattern] 列表框中单击箭头按钮，并选择新的线条以得到所需的几何体

7）在 [Connect 2 Basic Shapes] 设置对话框中先单击 [Apply]，然后单击 [Close]。

该圆弧和线段会连接起来，如图 4-85 所示

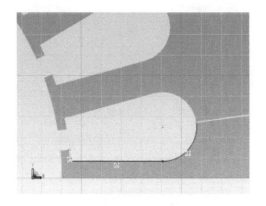

图 4-84　设置连接线段

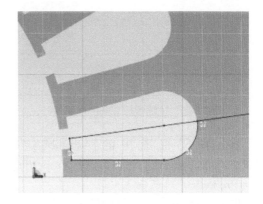

图 4-85　圆弧和线段间生成连接线段

8）单击工具栏按钮 [Connect 2 Basic Shapes] 附近的下拉菜单 ▼，然后从下拉列表中选择 [Sketch Trim] 。

9）单击图 4-86 所示的多余线段。

所创建的几何模型如图 4-87 所示

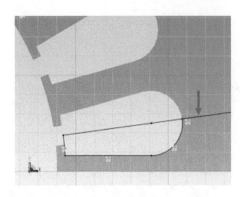

图 4-86　多余线段

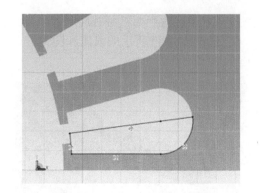

图 4-87　多余线段删除完成

10）单击工具栏按钮 [Select]　。

11）选中所创建的所有几何体，单击工具栏按钮 [Create Region]　，然后创建面域。

12）单击工具栏按钮 [Region Radial Pattern]　附近的　下拉菜单，从下拉列表中选择 [Region Mirror Copy]　，然后以图 4-88 所示的线段为参照做一个镜像复制，并在 [Option] 下方勾选 [Merge Regions]。

13）单击工具栏按钮 [Region Mirror Copy]　附近的　下拉菜单，从下拉列表中选择 [Region Radial Pattern]　，然后以原点为中心旋转复制该面域。复制条件设定如图 4-89 所示，设置完成后如图 4-90 所示。

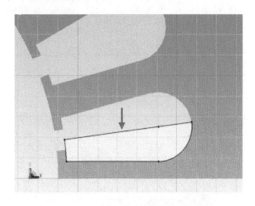

图 4-88　选择镜像复制的参照线

| Item | Parameter |
| --- | --- |
| Center | Origin |
| Angle | 15.0 |
| Instance | 6 |

图 4-89　面域阵列的条件设定

14）在树视图中的 [Assembly] 中的 [Sketch.4] 上单击右键，然后选择 [Properties]。

[Properties] 对话框会出现

15）在 [Name] 文本框中输入一个名称。

此处，用"Coil"作为名称

16）单击 [Color] 按钮，然后选择一种颜色。

此处设置为褐色，如果需要的颜色不在 [Color] 列表中，则可以通过单击　按钮选择更多的颜色

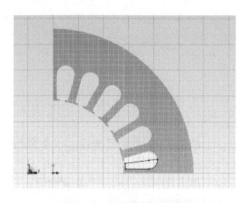

图 4-90　面域阵列完成

17）在 [Properties] 对话框中单击 [OK]。

线圈会以所选定的颜色在图形窗口中显示，[Treeview] 中的 [Assembly] 中的 [Sketch] 的名称将变成 [Properties] 中的 [Name] 文本框所输入的名称

18）单击工具栏按钮 [End Sketch] ，草图编辑将结束。

图形窗口中的网格会消失， 标记会从树视图中的 [Assembly] 中的 [Coil] 中消失，最终创建的几何模型如图 4-91 所示

19）在树视图中的 [Assembly] 中的 [Rotor core] 上单击右键，并选择 Visible。

转子会在图形窗口中显示

20）按照相同的步骤显示 [Magnet]。最终的几何模型如图 4-92 所示。

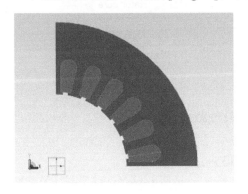

图 4-91　线圈创建完成

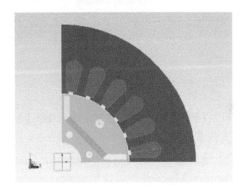

图 4-92　最终的几何模型

## 4.1.7　导入几何模型至项目

1）在 JMAG Designer 中的树视图中的 [Project] 上单击右键。

快捷菜单会出现

2）从快捷菜单中选择 [Geometry Editor] > [Import Geometry]。

所创建的几何模型被导入图形窗口中，如图 4-93 所示

3）在树视图中的 [Project] > [2D Model] > [Assembly] 的最上层的 [Coil] 上单击右键。

快捷菜单会出现

4）选择 [Properties]。

[Part Properties（Coil1）] 对话框会出现

5）在 [Part Name] 对话框中输入 "Coil1"。

6）单击 [OK]。

[Part Name] 文本框中所指定的名称会在树视图中的 [Assembly] 中显示

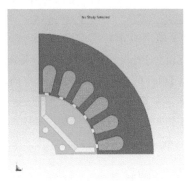

图 4-93　将几何模型导入 Designer 项目

7）参考图 4-94 给所有的线圈进行命名。

8）在树视图中的 [Assembly] 上单击右键，然后选择 [Create Groups] > [Match 4 Characters]。

[Assembly] 中的所有线圈会被分到一个组中，如图 4-95 所示

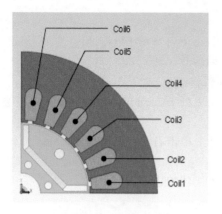

图 4-94 线圈命名

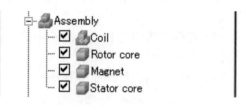

图 4-95 线圈合并到一个组

## 4.2 新建 Study

1）在树视图中的 [2D Model:< 2D_PM_Motor>] 上单击右键。

*快捷菜单会出现*

2）选择 [New Study] > [Magnetic Transient Analysis]。

[Study:<Magnetic><2D Transient>] 将被添加至树视图中的 [2D Model:<2D_PM_Motor>] 中，并且 [Case Control]、[CAD Parameters]、[Parts]、[Materials]、[Conditions]、[Mesh] 和 [Report] 等这些列表框会在树视图中出现

3）在树视图中的 [2D Model:<2D_PM_Motor >] 中的 [Study:<Magnetic><2D Transient>] 上单击右键。

*快捷菜单会出现*

4）选择 [Properties]。

[Study Properties] 对话框会出现

5）在 [Study Title] 文本框中输入一个名称。

*此处，输入"2D_PM_motor"作为名称*

6）单击 [OK]。

[Study Properties] 对话框会关闭，赋在 [Study Title] 的名称会在树视图中的 [Study] 中显示，如图 4-96 所示

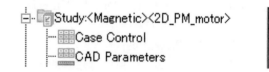

## 4.3 材料设置

图 4-96 Study 命名

### 4.3.1 设置转子铁心材料

这一步描述如何从 [Materials] 列表中直接给零件添加材料。

1）确保 [Materials] 在 [Toolbox] 中显示，如图 4-97 所示。

2）在 [Materials] 列表框中的 [Soft Magnetic Material] > [Steel Sheet] > [JFE Steel] > 中找到 [50JN1300]。

3）将 [50JN1300] 拖向位于图形窗口中的"rotor core"，如图 4-98 所示。

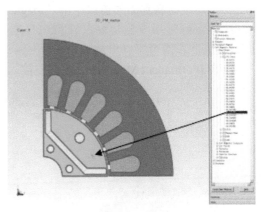

图 4-98　将材料赋予转子铁心

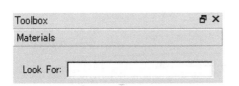

图 4-97　材料工具箱

[Treeview] 选项卡会切换成 [Control] 选项卡，并且 [Material] 设置框会出现

4）在 [Lamination] 组合框中输入图 4-99 所示的参数。

代表叠压方向的黄色箭头会在图形窗口显示

| Item | Parameter |
| --- | --- |
| Laminated | On |
| Factor | 98 (%) |

5）单击 [OK]。

该材料会被赋到转子铁心上，并且 [50JN1300] 会出现在 [Study] > [Parts] 下的 [Rotor core] 上

图 4-99　转子铁心叠压系数设置

## 4.3.2　设置定子铁心材料

下列步骤用于将 [50JN1300] 添加到树视图中的 [Study] > [Materials] 下的定子铁心上。

1）在图形窗口中单击"stator core"。

定子铁心会加亮显示

2）在树视图中的 [Study] > [Materials] 中的 [50JN1300] 上单击右键。

快捷菜单会出现

3）选择 [Apply to Selected]。

[Treeview] 选项卡会切换成 [Control] 选项卡，并且 [Material] 设置框会出现

4）在 [Lamination] 组框中输入图 4-100 所示的数值。

5）在 [Material] 设置框中单击 [OK]。

该材料被赋到定子铁心上，并且 [50JN1300] 会出现在 [Study] > [Parts] 的 [Stator core] 旁

| Item | Parameter |
| --- | --- |
| Laminated | On |
| Factor | 98 (%) |

## 4.3.3　设置永磁铁材料

图 4-100　定子铁心叠压系数设置

材料可以直接赋给 [Materials] 里面的零件。

1）在 [Materials] 中选择 [Permanent Magnet] > [Sintered NdFeB] > [Hitachi Metals（Formerly

SSMC）] > [Reversible] > [NEOMAX-42]。

2）拖动该材料到图形窗口中的"magnet"。具体操作如图 4-101 所示。

[Treeview] 选项卡会切换成 [Control] 选项卡，并且 [Material] 设置框会出现，代表充磁方向的箭头会在图形窗口中显示

3）在 [Permanent Magnet] 设置框中输入图 4-102 所示的参数值。

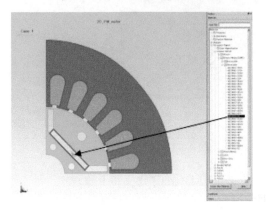

图 4-101　材料赋予永磁体

| Item | Parameter |
|---|---|
| Magnetization Pattern | Parallel Pattern (Circular Direction) |
| Number of Poles | 4 |
| Angle from Reference Axis | 45 (deg) |
| Start Point (Value is saved) (X, Y) | (0, 0) |
| Reference Axis Direction (Value is saved) (X, Y) | (1, 0) |

图 4-102　永磁体材料设置

通过以箭头方向的形式指定起始位置角来作为充磁方向，图形窗口中永磁铁内部的黄色箭头会随磁化方向一起变化

4）在 [Permanent Magnet] 设置框中单击 [OK]。

[NEOMAX-42（reversible）] 会出现在 [Study] > [Parts] 中的 [Magnet] 上

### 4.3.4　设置线圈材料

材料可以直接赋给 [Materials] 列表中的零件。

1）从 [Materials] 列表中的 [Conductor] > [JSOL] 中选择 [Copper]。

2）将 [Copper] 材料拖至图形窗口中的"coil"线圈，操作如图 4-103 所示。

[Treeview] 选项卡会切换成 [Control] 选项卡，并且 [Material] 设置框会出现

3）在 [Material] 设置对话框中单击 [OK]。

[Copper] 材料赋给了线圈，并且会出现在 [Study] > [Parts] 中的线圈旁边

### 4.3.5　确定材料设置

1）确定材料是否设置正确

材料会在树视图中的 [Study] > [Materials] 中显示，如果材料与图 4-104 所示的不同，则用第 4.3 节所描述的步骤来修正材料设置。

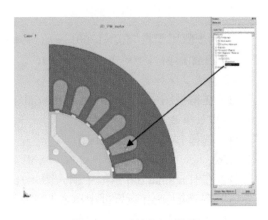

图 4-103　材料赋予线圈

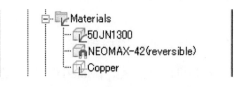

图 4-104　Study 中所添加材料

2）确定每个零件的材料是否设置正确。

当鼠标光标放在树视图中的 [Study] > [Materials] 中的每种材料上时，被赋上材料的模型零件会以红色轮廓加亮显示

如果材料没有设置正确，则用第 4.3 节所描述的步骤来修正材料设置。依次检查零部件材料，如图 4-105~ 图 4-107 所示。

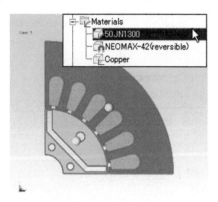

图 4-105　铁心材料检查

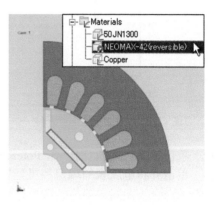

图 4-106　永磁体材料检查

## 4.4　搭建电路

### 4.4.1　搭建一个电路

1）在树视图中的 [Study:<Magnetic><2D_PM_motor>] 上单击右键。

快捷菜单会出现

2）选择 [Add Circuit]。

[Edit Circuit] 窗口会出现

3）单击工具栏按钮 [Macro] 。

4）将鼠标光标移动至电路编辑窗口。

[Macro Component List] 对话框会出现

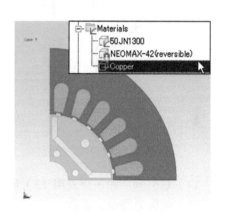

图 4-107　线圈材料检查

5）选择 [Star Connection]，然后单击 [OK]。

6）单击电路编辑窗口的任意位置。

星型连接元件将会添加到电路编辑窗口，如图 4-108 所示

7）单击工具栏按钮 [Ground] 。

8）在电路编辑窗口中，单击左键，将接地元件并放置到星型绕组右侧的任意位置，然后在任意位置单击右键完成对接地元件的放置。

接地元件会添加到电路编辑窗口，如图 4-109 所示

9）在电路编辑窗口中单击接地元件。

接地元件被选中

10）单击工具栏按钮 [Rotate] 3 次。

接地元件会旋转成如图 4-110 所示的位置

11）单击并拖动接地元件至星型连接元件的引脚 4，如图 4-110 所示。

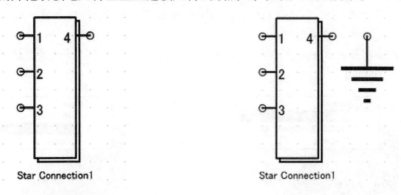

图 4-108　添加星型连接元件　　　　　　图 4-109　添加接地元件

12）单击工具栏按钮 [Electric Potential Probe] Ⓥ。

13）单击并将电压表的端口和星型连接元件的引脚 1 相连接。

电压表会被添加到电路编辑窗口，如图 4-111 所示

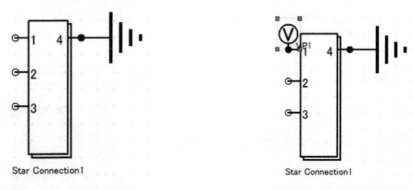

图 4-110　连接两个元件　　　　　　图 4-111　添加电压表元件

14）对引脚 2 和 3 重复第 13）步的步骤，所添加的电压表元件如图 4-112 所示。

15）确保电路设置正确。

确保所有元件设置正确，并确保所有引脚都连接上。如果出现空心圆，则代表连接失败，如图 4-113 所示

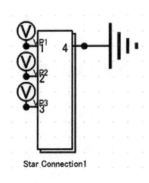

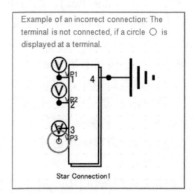

图 4-112　添加剩余电压表元件　　　　　　图 4-113　引脚连接失败

### 4.4.2　设置有限元线圈

1）单击工具栏按钮 [Select] 。

2）在电路编辑窗口中的星型连接元件上双击。

星型连接元件内部会显示

3）双击电路编辑窗口中的 [FEM Coil 1]。

[FEM Coil 1] 会被选中，具体设置会在 [Properties] 选项卡中显示

4）在 [Title] 文本框中输入一个名称。

此处，用"U-phase coil"作为名称，在外电路编辑窗口，[VP1] 将变成 [U-phase coil]

5）根据图 4-114 所示的参数进行参数设置。

6）重复第 3）~ 5）步所述的步骤，按照 U 相绕组的设置方法，对 V 相和 W 相绕组进行设置。

此处，每个绕组的命名如下：

[FEM Coil2]:V-phase coil

[FEM Coil3]:W-phase coil

完成上述操作后，星型连接元件将会变成图 4-115 所示的形状

| Item | Parameter |
|---|---|
| Title | U-phase coil |
| X-axis Type | Constant |
| Turns | 35 (turn) |
| Constant | 0.814 (ohm) |

图 4-114　U 相绕组设置

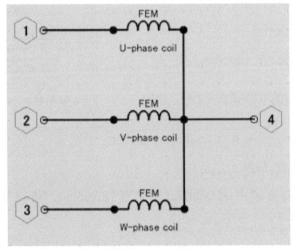

图 4-115　绕组设置完成

7）在电路编辑窗口中单击 [Back]。

电路编辑窗口会显示

### 4.4.3　设置电压表

1）在电路编辑窗口中双击电压表元件 [VP1]。

电压表元件 [VP1] 会被选中，[Properties] 选项卡会出现

2）在 [Title] 文本框中输入一个名称。

此处，输入"U-phase Electric Potential Probe"

在电路编辑窗口中 [VP1] 将会变成 [U-phase Electric Potential Probe]

3）重复步骤 1）和 2）所述的步骤，给 [VP2] 和 [VP3] 这两个电压表更改名称。

此处，每个绕组的命名如下：

[VP2] : V-phase Electric Potential Probe

[VP3] : W-phase Electric Potential Probe

### 4.4.4　确定电路设置

1）确保电路元件属性都设置正确。

在电路编辑窗口中双击星型连接元件，然后双击 "U-phase coil" "V-phase coil" 和 "W-phase coil"，以在 [Properties] 选项卡中显示其设置参数。如果电路元件属性未正确设置，则采用第 4.4 节所述的方法修正设置

2）在 [Edit Circuit] 窗口中单击关闭按钮 ✕ 。

[Edit Circuit] 窗 口 关 闭, [Circuit] 被 添加到树视图中的 [Study:<Magnetic><2D_PM_motor>] 中，如图 4-116 所示

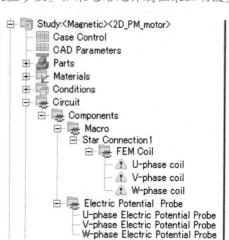

图 4-116　电路修改完成

## 4.5　设置条件

### 4.5.1　显示 [Conditions]

[Conditions] 列 表 在 [Toolbox] 中 的 [Conditions] 栏中显示。

单击 [Toolbox] 中的 [Conditions] 栏, 如图 4-117 所示。

一系列可以获取的条件会在 [Conditions] 中显示

### 4.5.2　设置 [Rotation Motion] 条件

1）在 [Conditions] 列表中的 [Motion] 中选择 [Rotation]，将该条件拖至图形窗口的 "Rotor core" 中，如图 4-118 所示。

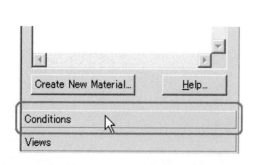

图 4-117　Conditions 条件设置

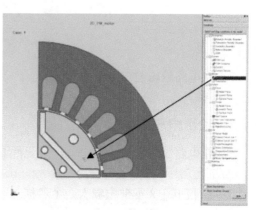

图 4-118　[Rotation] 条件设置

[Treeview] 选项卡会切换成 [Control] 选项卡，并且 [Rotation Motion] 设置框会出现，[Rotor Core] 会在 [Parts] 列表中出现。一个代表旋转轴的黄色箭头会在图形窗口中出现

2）在图形窗口中单击"magnet"。

[Magnet] 会被添加到 [Parts] 列表中

3）在 [Title] 文本框中输入一个名称。

此处，输入"Rotor"

4）根据图 4-119 所示的参数设置准确运动条件。

5）单击 [OK]。

[Rotation Motion] 设置框关闭，[Motion: Rotation] 被添加至树视图中的 [Study] > [Conditions] 下，并以 [Title] 文本框中指定的名称显示。

### 4.5.3　设置 [Rotation Periodic Boundary] 条件

1）在 [Conditions] 列表中选择 [Boundaries] > [Rotation Periodic Boundary]，拖动该条件至转子铁心在图形窗口上的 $X$ 轴边界，如图 4-120 所示。

| Item | | Parameter |
|------|---|-----------|
| Title | | Rotor |
| Displacement Type | Constant Revolution Speed | 1800 (r/min) |
| Rotation Axis | | Upward |

图 4-119　[Rotation] 条件的参数设置

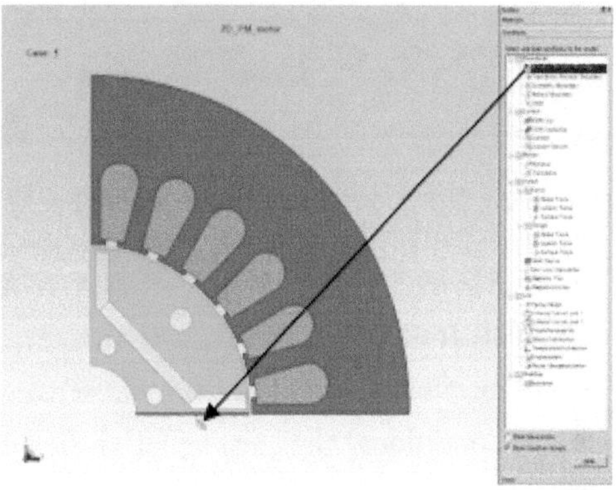

图 4-120　[Rotation Periodic Boundary] 条件设置

[Treeview] 选项卡会切换成 [Control] 选项卡，并且 [Rotation Periodic Boundary] 设置框会出现，选择 $X$ 轴上所有的线段，并且所选中的边会出现在 [Edges] 列表中，一个代表旋转轴的黄色箭头会在图形窗口中出现

2）在 [Title] 文本框中输入一个名称。

此处，输入"Periodic Boundary"

3）根据图 4-121 所示的参数设置边界周期的条件。

关于周期性边界条件的含义，读者可以参阅 1.4.5 节周期模型相关内容。

所指定的周期角会以一条圆弧的形式在图形窗口中显示

4）单击 [OK]。

[Rotation Periodic Boundary] 设置框关闭，[Rotation Periodic Boundary] 被添加至树视图中的 [Study] >[Conditions] 下，并以 [Title] 文本框中指定的名称显示

| Item | Parameter |
|------|-----------|
| Title | Periodic Boundary |
| Periodicity | Antiperiodic |
| Periodic Angle | 90 (deg) |
| Rotation Axis | Upward |

图 4-121　[Rotation Periodic Boundary] 条件的参数设置

### 4.5.4 设置 [Torque（Nodal Force）] 条件

1）在 [Conditions] 列表中的 [Output] > [Torque] 中选择 [Nodal Force]。

2）将其拖至树视图下的 [Study] > [Conditions] 中，如图 4-122 所示。

[Treeview] 选项卡会切换成 [Control] 选项卡，并且 [Torque: Nodal Force] 设置对话框会出现，一个表示转矩轴的黄色箭头会在图形窗口中显示

3）在 [Title] 文本框中输入一个名称。

例如，用"Rotor Torque"来命名

4）此处，输入"Rotor Torque"来命名。根据图 4-123 所示的参数条件设置转矩条件。

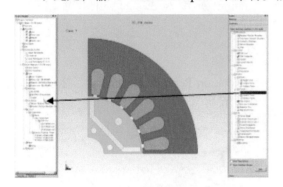

| Item | | Parameter |
|------|---|-----------|
| Title | | Rotor Torque |
| Setting Target | Motion Region | Rotor |
| Rotation Axis | | Upward |

图 4-122 [Torque（Nodal Force）] 条件设置　图 4-123 [Torque（Nodal Force）] 条件的参数设置

在运动区域条件中，所选中的零件会在图形窗口中加亮显示

5）单击 [OK]。

[Torque: Nodal Force] 设置框会关闭，[Torque: Nodal Force] 会被添加至树视图中的 [Study] > [Conditions] 下，并以 [Title] 文本框中指定的名称显示

### 4.5.5 设置 [FEM Coil] 条件

第 4.4 节所创建的电路中的有限元线圈模型 (U、V、W 相)，需要与图形窗口中的有限元线圈条件（U、V、W 相）相连接，每一相有限元线圈和其电流方向分别如图 4-124 和图 4-125 所示。

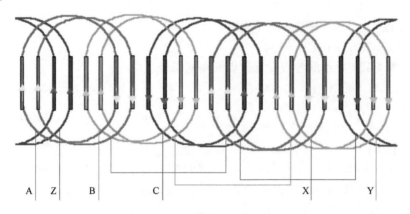

图 4-124 每相线圈连接图

1）在 [Conditions] 列表中的 [Current] 中选择 [FEM Coil]。

2）将其拖至树视图中的 [Study] > [Conditions] 下，如图 4-126 所示。

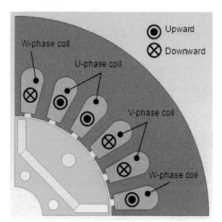

图 4-125　每相电流的流向

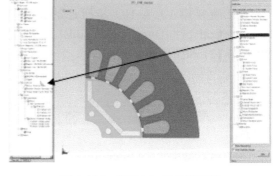

图 4-126　[FEM Coil] 条件设置

[Treeview] 选项卡会切换成 [Control] 选项卡，并且 [FEM Coil] 设置框会出现

3）在 [Title] 文本框中输入一个名称。

此处，输入 "U-phase"

4）确保 U-phase coil 在 [Linked FEM Coil] 列表中被选中。

5）按住 [Shift] 键的同时，在图形窗口选择图 4-127 所示的 "Coil4"。

零件将被添加到 [Parts per Coil] 列表中

6）确保在 [Direction per Coil] 中 [Upward] 被选中。

7）在 [Coils] 中单击 按钮。

[Coil Set 2] 将被添加到 [Coils] 列表框中

8）从 [Coils] 列表中选择 [Coil Set 2]。

9）重复步骤 5），将 "Coil5" 添加至 [Parts per Coil] 列表，如图 4-128 所示。

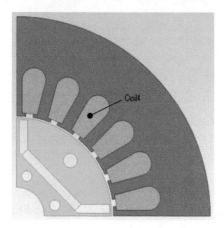

图 4-127　添加线圈零件 Coil4

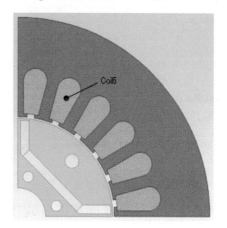

图 4-128　添加具体的 Coil5

10）确保在 [Direction per Coil] 中 [Upward] 被选中。

11）在 [FEM Coil] 设置框中单击 [OK]。

[FEM Coil] 设置对话框会关闭，[FEM Coil] 将以 [Title] 文本框输入的名称添加到树视图中的 [Study] > [Conditions] 中

⚠️标记会在树视图中的 [Study] > [Circuit] > [Components] > [Macro] > [Star Conection1] 中的 [Circuit] 中消失

12）重复第 1）~ 11）步所述的步骤，设置 V 相和 W 相线圈的 [Linked FEM Coil]、[Parts per Coils] 和 [Direction per coils]。其中，V 相设置如图 4-129 和图 4-130 所示，W 相设置如图 4-131 和图 4-132 所示。

| Item | Parameter | |
|---|---|---|
| Title | V-phase | |
| Linked FEM Coil | V-phase coil | |
| Coils | Coil Set 1, Coil Set 2 | |
| Parts per Coils | Coil Set 1 | Coil2 |
| | Coil Set 2 | Coil3 |
| Directions per Coils | Coil Set 1 | Downward |
| | Coil Set 2 | Downward |

图 4-129　V 相线圈设置

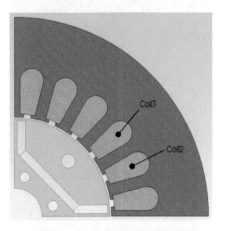

图 4-130　V 相线圈电流流向

| Item | Parameter | |
|---|---|---|
| Title | W-phase | |
| Linked FEM Coil | W-phase coil | |
| Coils | Coil Set 1, Coil Set 2 | |
| Parts per Coils | Coil Set 1 | Coil1 |
| | Coil Set 2 | Coil6 |
| Directions per Coils | Coil Set 1 | Upward |
| | Coil Set 2 | Downward |

图 4-131　W 相线圈设置

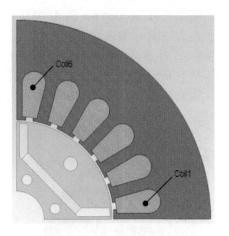

图 4-132　W 相线圈电流流向

## 4.5.6　确定条件设置

确保这些条件会在树视图中的 [Study:<Magnetic><2D_PM_motor>] > [Conditions] 中显示。

树视图中的 [Study:<Magnetic><2D_PM_motor>] 中的 [Conditions] 和 [Circuit] 设置如图 4-133 所示，如果这些条件和下图不相同，请参照第 4.5 节中所述的方法来修改设置

### 4.5.7　设置 study 属性

1）在树视图中右键单击 [Study]。

快捷菜单会出现

2）选择 [Properties]。

[Study Properties] 对话框会出现

3）根据图 4-134 所示的参数设置 Study 的
属性。

Steps: 本研究运行总的步数，本案例为
193 步

Type: 步长划分类型。JMAG 可以选择每一
步的时间，也可以选择某一段时间内划分步数
来确定步长，Regular Intervals 正是这样的方式

Start Time：划分步长开始的时间。软件设
置从 0s 开始，读者无法设置

End Time：划分步长结束的时间。本案例
设置为 1s

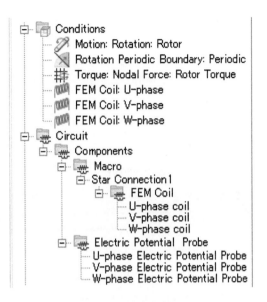

图 4-133　检查条件设置

Divisions：划分的步数，本案例为 11520 步。它的含义是将从 Star Time 到 End Time 时
间段内划分为 11520 步，则每一步的时间是 1/11520s。本案例的频率 60Hz，如果将一个电
周期设置为 192 步，对应 1s 的步数即为 60 × 192 = 11520 步，因此这里的设置也可以理解为
将一个电周期时间划分为 192 步

4）单击 [Conversion]。

[Full Model Conversion] 设置会在 [Study Properties] 对话框中显示

5）根据图 4-135 设置 [Conversion] 参数值。其中，[Stack Length] 为电机的叠高。

| Item | Parameter |
| --- | --- |
| Steps | 193 |
| Type | Regular Intervals |
| Start Time | 0(s) |
| End Time | 1(s) |
| Divisions | 11520 |

图 4-134　Study 的基本属性设置

| Item | Parameter |
| --- | --- |
| Convert to Full Model Values | On |
| Periodic Boundary | 4 |
| Other than Periodic Boundary | 1 |
| Stack Length | 60 (mm) |

图 4-135　[Conversion] 参数设置

6）单击 [Circuit]。

[Circuit Settings] 会在 [Study Properties] 对话框中显示

7）根据图 4-136 设置电路参数。

8）勾选 [Show Advanced Settings]。

[Solver] 和 [ICCG] 等会出现

9）选择 [Nonlinear]。

[Nonlinear Calculation] 设置会在 [Study Properties] 对话框中显示

JMAG 电机电磁仿真分析与实例解析

10）根据图 4-137 设置非线性计算的参数值。

| Item | Parameter |
|---|---|
| Convert (Synchronize with Periodic Boundary) | On |
| Periodic Boundary | 4 |
| Other than Periodic Boundary | 1 |
| Connection | Series |

图 4-136　电路的参数设置

| Item | Parameter |
|---|---|
| Maximum Nonlinear Iterations | 50 |

图 4-137　非线性计算条件设置

11）确定 [Study Properties] 对话框的设置。

确保 [Study Properties] 对话框中的内容和第 3）~10）步所设置的一样，如果不一样，则修改设置

12）单击 [OK]。

[Study Properties] 对话框将关闭

## 4.6　生成网格

### 4.6.1　设置旋转网格

1）在树视图中的 [Study] 中的 [Mesh] 上单击右键。

快捷菜单会出现

2）在 [Rotation Periodic Mesh] 中选择 [Automatic]。

[Rotation Periodic Mesh（Automatic）] 设置框会出现

3）在 [Title] 文本框中输入一个名称。

此处，用"Auto"作为名称

4）单击 [OK]。

[Rotational Mesh（Automatic）] 设置框会关闭，[Rotational Mesh（Automatic）] 会被添加到树视图中的 [Mesh] 中，并会以 [Title] 文本框中所输入的名称命名

### 4.6.2　设置网格属性

1）在树视图中的 [Study] 中的 [Mesh] 上单击右键。

快捷菜单会出现

2）选择 [Properties]。

[Mesh Properties] 对话框会出现

3）设置参数值。

- [Basic Setting] 选项卡，如图 4-138 所示
- [Slide Division] 选项卡，如图 4-139 所示

| Item | Parameter |
| --- | --- |
| Mesh Type | Slide Mesh |
| Method | Method 2 |
| Air Region | Model Length* 1.05 |

图 4-138　网格基本设置

| Item | Parameter |
| --- | --- |
| Set Step Control based on Motion Condition | On |
| Set Circumferential Divisions Automatically | On |

图 4-139　[Slide Division] 设置

4）单击 [OK]。

[Mesh Properties] 对话框会关闭

## 4.6.3　生成网格

1）在树视图中的 [Study] 中的 [Mesh] 上单击右键。

快捷菜单会出现

2）选择 [Generate]。

[Generate Mesh] 对话框会出现，并且开始生成网格，网格生成后，[Messages] 对话框会出现，单击 [Close] 关闭 [Messages] 对话框

3）单击工具栏按钮 [View Mesh] 。

所生成的网格模型会出现在图形窗口，确保每一部分的网格尺寸和图 4-140 保持一致

4）在树视图中的 [Mesh] 中勾选 [Air Region]。

空气域的网格会出现在图形窗口

## 4.6.4　确定条件设置

1）确保 [Symmetry Boundary] 和 [Slide] 被添加到树视图中的 [Conditions] 中，如图 4-141 所示。

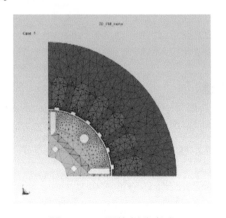

图 4-140　网格剖分完成

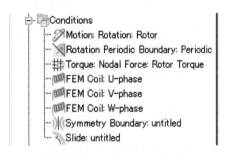

图 4-141　检查 [Symmetry Boundary] 和 [Slide] 条件

2）在树视图中的 [Conditions] 中的 [Symmetry Boundary] 上单击右键。

快捷菜单会出现

3）选择 [Edit]。

[Treeview] 选项卡会切换成 [Control] 选项卡，并且 [Symmetry Boundary] 设置框会出现

4）单击工具栏按钮 [Wireframe] ⊞。

5）选中在 [Edges] 列表框中显示的边，确保对称边界条件赋给图 4-142 所示的边。

6）单击 [OK]。

*[Symmetry Boundary] 设置框会关闭，并且树视图会出现*

7）单击工具栏按钮 [Shaded] 🔲。

*整个模型会出现*

8）在树视图中的 [Mesh] 中取消勾选 [Air Region]。

*图形窗口中的空气域网格会隐藏起来*

9）单击工具栏按钮 [View Model] 🔳。

*整个模型会出现*

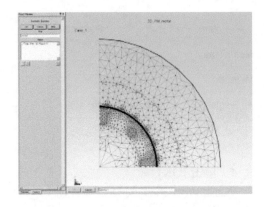

图 4-142　检查对称边界条件设置

## 4.7　分析计算

1）在树视图中的 [Study] 上单击右键。

*快捷菜单会出现*

**2）选择 [Run Active Case]。**

*该算例开始运行，并且 [Run Analysis] 对话框会出现；当分析完成后，[Messages] 对话框会跳出，算例名称、网格信息、计算结果文件路径和计算文件夹会出现；[Results] 会被添加到树视图中的 [Study] 中，[Graphs]、[Section] 和 [Probes] 也会在 [Results] 中出现*

3）确定 [Messages] 对话框的内容，然后单击 [Close]。

*[Messages] 对话框会关闭*

## 4.8　显示计算结果

### 4.8.1　显示磁密分布、等值线云图

1）在树视图中 [Study] 中的 [Results] 上单击右键。

*快捷菜单会出现*

2）选择 [New Contour Plot]。

*[Treeview] 选项卡会切换成 [Control] 选项卡，并且 [Contour Plots] 设置框会显示*

3）在 [Title] 文本框中输入一个名称。

*此处，输入 "Magnetic Flux Density"*

4）根据图 4-143 的参数设置磁密云图。

5）单击 [OK]。

*[Contour Plot] 设置对话框会关闭，[Magnetic Flux Density] 会添加到树视图中的 [Study] > [Results] > [Contour Plots] 中，并且其名称和在 [Title] 文本框中输入的名称一样*

| Item | Parameter |
|---|---|
| Title | Magnetic Flux Density |
| Result Type | Magnetic Flux Density |
| Coordinate System | Global Rectangular |
| Component | Absolute |

图 4-143　磁密云图的参数设置

6）单击工具栏按钮 [Display Contour Result] 。

*磁密云图会在图形窗口中显示*

7）在步数控制工具条上按住并拖动滑动条，以显示每一步的计算结果，如图 4-144 所示。

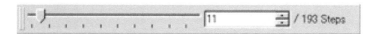

图 4-144　步数控制条

图 4-145 所示为某一指定步数下的云图

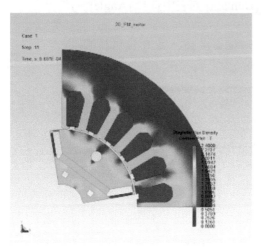

图 4-145　某一指定步数下的云图

8）在步数控制工具条上输入一个步数，以显示指定步数所对应的计算结果，图 4-146 所示。

图 4-146　输入指定步数

9）在动画控制界面上单击 [Play]，可以显示每一步所对应的动画效果，如图 4-147 所示。

图 4-147　动画控制界面

10）单击工具栏按钮 [Display Contour Result] ，结果如图 4-148 所示。

*等值线图显示将会返回至模型图显示*

### 4.8.2　显示转矩图

1）在树视图中的 [Results] 中的 [Graphs] 上单击右键。

*快捷菜单会出现*

2）选择 [Torque] > [Show]。

*转矩图会在 [Graph] 对话框中显示*

3）在 [Graph] 选项卡中单击 [Edit graph properties]
按钮 。

[Graph Properties] 对话框会出现

4）在 [X-axis] 中的 [Domain] 列表中选择 [Angle]。

5）单击 [OK]。

[Graph Properties] 对话框会关闭，并且转矩结果
图会出现，如图 4-149 所示。

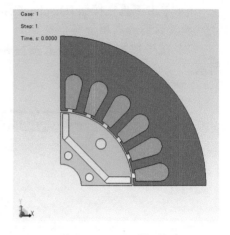

图 4-148　返回模型图

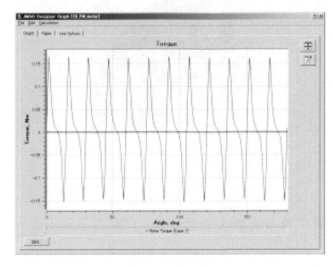

图 4-149　转矩结果

6）单击 [Close] 。

[Graph] 对话框会关闭

### 4.8.3　显示感应电压图形

1）在树视图中的 [Results] 下的 [Graphs] 上单击右键。

*快捷菜单会出现*

2）选择 [Circuit Voltage] > [Show]。

*感应电压会在 Graph 对话框中显示*

3）在 [Graph] 选项卡中单击 [Edit graph properties] 按钮 。

[Graph Properties] 对话框会出现

4）在 [X-axis] 中的 [Domain] 中选择 [Angle]。

5）单击 [OK]。

[Graph Properties] 对话框会关闭，并且会显示感应电压结果，如图 4-150 所示。

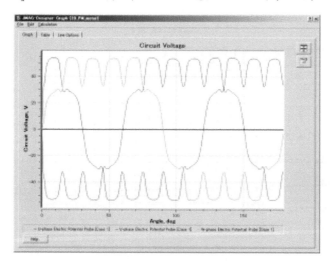

图 4-150　感应电压结果

6）单击 [Close] ❌。

[Graph] 对话框会关闭

## 4.8.4　径向气隙磁通密度显示

1）在树视图中的 [Results] 下的 [Section] 上单击右键，弹出如图 4-151 所示的菜单，左键单击 [New Arc...]。

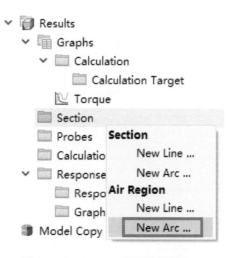

图 4-151　Section 类型选择界面

2）Section Arc 设置界面如图 4-152 所示，[Title] 名称设置为 "Br"，[Result Type] 下的物理量选择磁通密度 "Magnetic Flux Density"，坐标系统 Coordinate System 选择柱坐标 "Cylindrical"，分量 Component 选择 "R" 即为径向，Abscissa Axis 选择 Angle，磁密一个圆周截取的采样点设置为 361。[Steps] 显示步的类型选择 [Specified]，即选择指定的某一步，

本案例设置为"15"，即显示第 15 步时的气隙中的磁通密度径向分量。

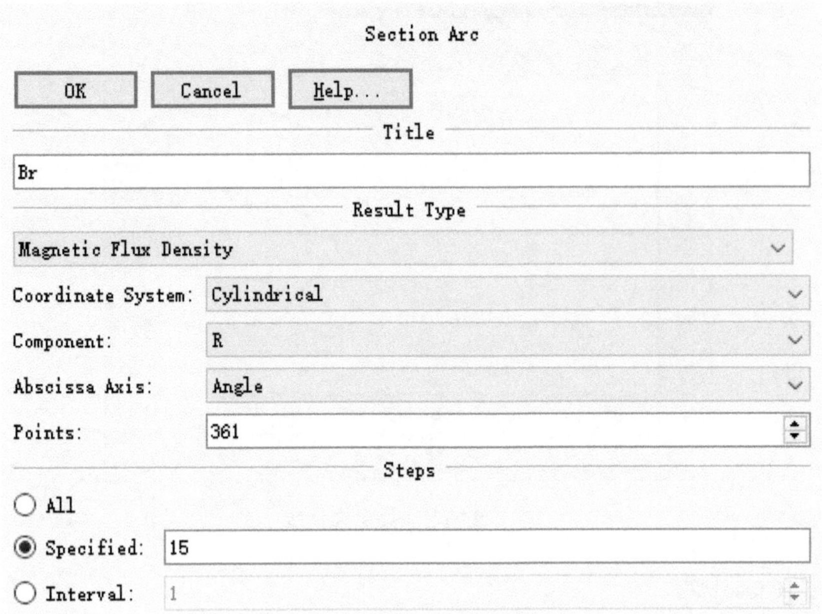

图 4-152　Section Arc 设置界面

3）接下来设置截取气隙线的位置。如图 4-153 所示，将 [Evaluation Target] 下的气隙线中心坐标 [Point on Center Axis] 的 $X$ 值和 $Y$ 值均设置为 0，代表圆心为原点；[Start] 的坐标 $X$ 值和 $Y$ 值代表气隙圆起点坐标，如图 4-153 所示的红色点位置，本文将 $X$ 设定为气隙的中间，即（27.5+28）/2，27.5 为转子外圆半径，28 为定子内圆半径，$Y$ 值设定为 0，这样气隙圆半径 [Radius] 自动显示为 27.75，即为 $X$ 坐标的值；[Angle] 为截取气隙磁密在圆周方向的范围，本案例设置为 360°，即整个圆周。设置完成后，单击 [OK] 按钮。

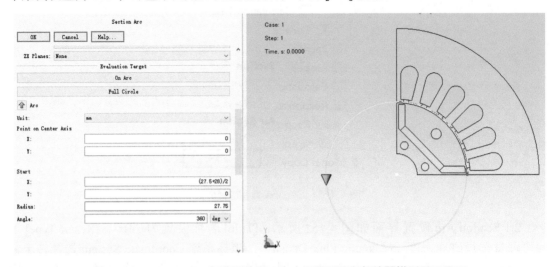

图 4-153　Section Arc 气隙圆位置、大小设置界面和气隙圆模型显示界面

4）右键单击树视图中的 [Results]>[Section] 下的 "Magnetic Flux Density:Br<Airregion>"，

弹出如图 4-154 所示上下文菜单，左键单击 [Show]>[Br]，则将显示径向气隙磁通密度曲线，如图 4-155 所示。

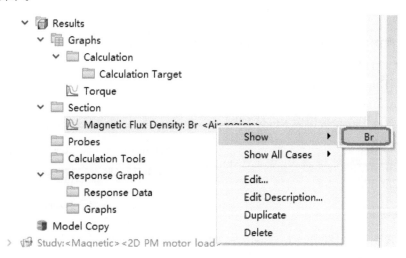

图 4-154　显示径向气隙磁通密度

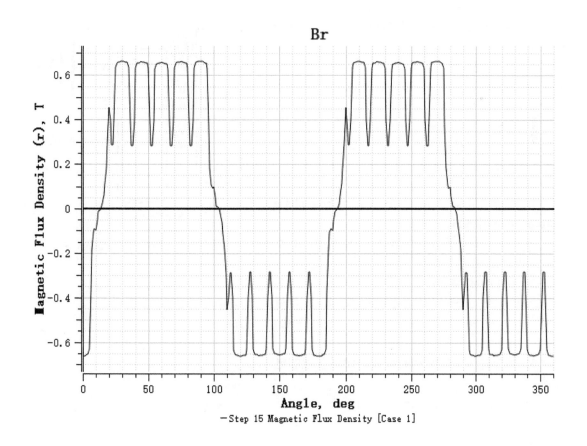

图 4-155　径向气隙磁通密度曲线

## 4.9　修改电路

### 4.9.1　复制一个 Study

1）在树视图中的 [Study:<Magnetic><2D_PM_motor>] 上单击右键。

*快捷菜单会出现*

2）选择 [Duplicate Study]。

*[Duplicate Study] 对话框会出现*

3）根据图 4-156 参数设置 Study 复制。

4）单击 [OK]。

*该算例会复制到树视图中的 [Study:*
*<Magnetic><2D_PM_motor_load>] 中*

| Item | Parameter |
|---|---|
| Title | 2D_PM_motor_load |
| Study Type | Duplicate this Study |
| Case to Duplicate | All Cases |

图 4-156　Study 复制

### 4.9.2　修改电路

1）在树视图中的 [Study:<Magnetic><2D_PM_motor_load>] 上单击右键。

*快捷菜单会出现*

2）选择 [Edit Circuit]。

*[Edit Circuit] 窗口会出现*

3）单击工具栏按钮 [Three-phase Current Source]。

4）在连接三相电流源和星型连接元件的引脚上单击左键，然后右键单击任意位置完成对电流源元件的放置。

*三相电流源元件被添加到电路编辑窗口，完成后如图 4-157 所示。*

### 4.9.3　设置电流源

1）在电路编辑窗口中双击 [Three-phase Current Source] 元件。

*三相电流源元件被选中，其设置会在 [Properties] 选项卡中显示*

2）在 [Title] 输入一个名称。

*此处，用 "Three-phase Current Source" 作为名称，在电路编辑窗口，[CS1] 将会变成 [Three-phase Current Source]*

3）根据图 4-158 所示的参数，设置合理的电流源。

[Commutating Sequence]：换向顺序，本案例设置为 U-W-V，代表 U 相超前 V 相 120°，V 相超前 W 相 120°

[Amplitude]：相电流幅值，本案例设置为 4A

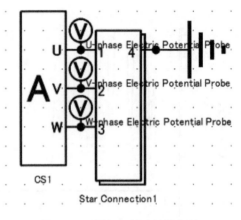

图 4-157　添加三相电流源元件

| Item | Parameter |
|---|---|
| Name | Three-phase Current Source |
| X-axis Type | Time |
| Commutating Sequence | U-W-V |
| Amplitude | 4 (A) |
| Frequency | 60 (Hz) |
| Phase | 240 (deg) |

图 4-158　三相电流源设置

[Frequency]：电源频率，同步电机根据 $f = nP/60$ 计算。其中，$f$ 为电源频率，$n$ 为同步转速，$P$ 为极对数。本案例中，$n = 1800\text{r/min}$，$P = 2$，因此，$f = 1800 \times 2/60 = 60\text{Hz}$。

[Phase]：电流相位角 $\theta$。通过设置转子初始位置角使得 $d$ 轴和 $-U$ 轴设置重合，如图 4-159 所示，图中的绕组 $+U$ 代表电流流入绕组面，$-U$ 代表电流流出绕组面，$U$ 轴方向也在图中标出。当输入电流是 $Iu = A\cos(2\pi Ft + \theta\pi/180°)$，则电流矢量即为图中红色字体 $Iu$ 方向，但是 JMAG 输入的 $Iu$ 为 $A\sin(2\pi Ft + \theta\pi/180°) = A\cos[2\pi Ft + (\theta - 90°)\pi/180°]$，因此 JMAG 的电流相位相对于红色 $Iu$ 滞后 $90°$，即为图中绿色字体的 $Iu$，从而容易知道电流相位角 $\theta$ 为电流相量和 $q$ 轴的夹角。本案例由于没有设置转子初始位置角使得 $d$ 轴和 $-U$ 设置重合，是通过设置电流相位角来改变电流相量和 $d$ 轴的夹角，根据图 4-125，将 $d$ 轴（本案例为磁铁中心线）往顺时针转动 8 个槽距，可使 $d$ 轴和 $-U$ 轴重合，即需要将电流相位角往超前方向移动 $240°$（即 8 个槽距的机械角度）使得电流相量与 $q$ 轴重合，因此本案例将电流相位角设置为 $240°$（$15 \times 8 \times 2 = 240$，其中 15 为槽距角，2 为极对数），相当于电流相量和 $q$ 轴夹角为 $0°$。

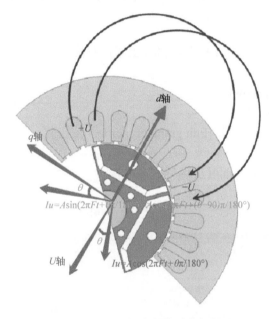

图 4-159　JMAG 中电流时空矢量图

## 4.9.4　确认电路设置

1）确保电路元件的属性设置都正确。

在电路编辑窗口中双击三相电流源元件，然后其设置会在 [Properties] 选项卡中显示。如果三相电流源元件的属性没有设置正确，则参考第 4.9.3 节的步骤修改设置

2）在 [Edit Circuit] 窗口单击关闭按钮 ✖。

[Edit Circuit] 窗口关闭，三相电流源添加到树视图中的 [Study:<Magnetic><2D_PM_motor_load>] 上，如图 4-160 所示

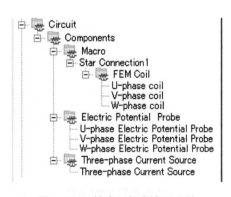

图 4-160　检查三相电流源元件

## 4.10　运行计算

1）在树视图中的 [Study:<Magnetic><2D_PM_motor_load>] 上单击右键。

*快捷菜单会出现*

2）选择 [Run Active Case]。

*该算例开始运行，并且 [Run Analysis] 对话框会出现；当分析完成后，[Messages] 对话框会跳出，算例名称、网格信息、计算结果文件路径和计算文件夹会出现；[Results] 会被添加到树视图中的 [Study] 中，[Graphs]、[Section] 和 [Probes] 也会在 [Results] 中出现*

3）确定 [Messages] 对话框的内容，然后单击 [Close]。

*[Messages] 对话框会关闭*

## 4.11　显示计算结果

### 4.11.1　转矩结果图显示

1）在树视图中的 [Results] 中的 [Graphs] 上单击右键。

*快捷菜单会出现*

2）选择 [Torque] > [Show]。

*对话框中会显示转矩图*

3）在 [Graph] 选项卡中单击 [Edit graph properties] 按钮。

*[Graph Properties] 对话框会出现*

4）在 [X-Axis] 中的 [Domain] 中选择 [Angle]。

5）单击 [OK]。

*[Graph Properties] 对话框关闭，结果如图 4-161 所示*

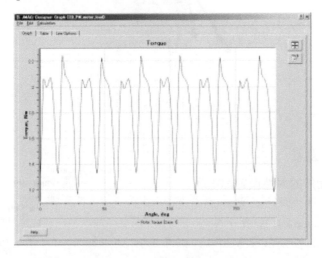

图 4-161　负载下的转矩结果

6）单击 [Close] ✖。

*[Graph] 对话框会关闭*

7）如果查看其他结果图，在第 2）步选中目标图，重复上述操作即可。

## 4.11.2　磁密云图显示

1）右键单击树状视图中 [Study] 下的 [Results]。

快捷菜单出现

2）选择 [New Contour Plot]。

[Treeview] 选项卡切换到 [Control] 选项卡，[Contour Plot] 设置界面出现，如图 4-162 所示

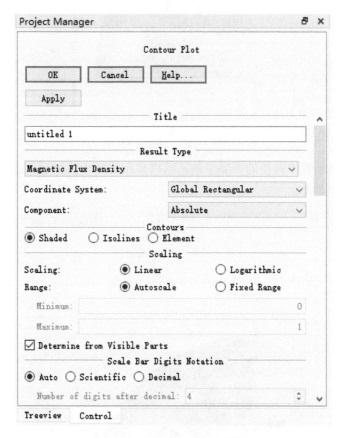

图 4-162　[Contour Plot] 设置界面

3）在 [Title] 文本框中输入一个名称。

在这个例子中，使用"Magnetic Flux Density"作为名称

4）具体设置如图 4-163 所示。

5）单击 [OK]。

[Contour Plot] 设置关闭。在树视图 [Study] > [Results] >[Contour Plots] 下的 [Title] 文本框中添加指定的名称 [Magnetic Flux Density]。

6）单击工具按钮 [Display Contour Result] 。

磁通密度云图（简称"磁密云图"）出现在图形窗口中，如图 4-164 所示。

| Item | Parameter |
| --- | --- |
| Title | Magnetic Flux Density |
| Result Type | Magnetic Flux Density |
| Coordinate System | Global Rectangular |
| Component | Absolute |

图 4-163　[Contour Plot] 参数设置

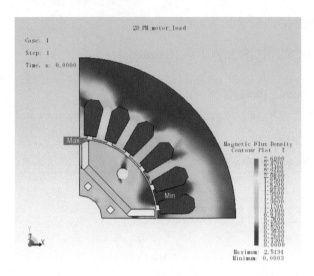

图 4-164　磁密云图

7）按下并拖动步数工具栏的控制滑块，可以显示每一步的结果，也可以在右侧输入指定步数，如图 4-165 所示。

图 4-165　步数控制工具

8）在步数控制中输入 11，磁密云图结果如图 4-166 所示。

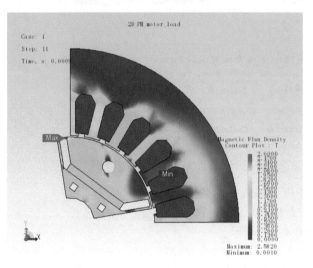

图 4-166　第 11 步下的磁密云图

9）单击动画控制工具中的 [Play]，如图 4-167 所示，它可以将每一步的结果显示为动画。

图 4-167　动画控制工具

10）单击工具按钮 [Display Contour Result] 🎲。

磁密云图显示关闭，返回到初始模型显示

### 4.11.3　磁通矢量云图

1）右键单击树状视图中 [Study] 下的 [Results]。

快捷菜单出现

2）选择 [New Vector Plot]，进行设置。

[Treeview] 选项卡切换到 [Control] 选项卡，[Vector Plot] 设置界面出现，具体设置如图 4-168 所示

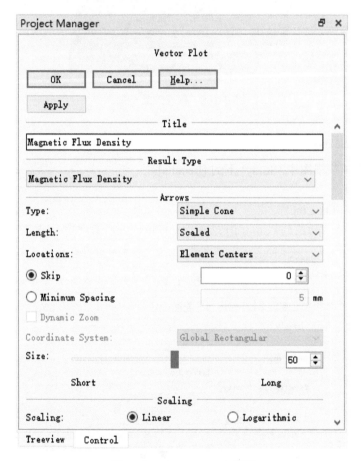

图 4-168　[Vector Plot] 设置

3）在 [Title] 文本框中输入一个名称。

在这个例子中，使用"Magnetic Flux Density"作为名称

4）单击 [OK]。

[Vector Plot] 设置关闭。在树视图 [Study] > [Results] >[Vector Plots] 下的 [Title] 文本框中添加指定的名称 [Magnetic Flux Density]

5）单击工具按钮 [Display Vector Plot] 🖌·。

磁通的矢量云图分布出现在图形窗口中，如图 4-169 所示

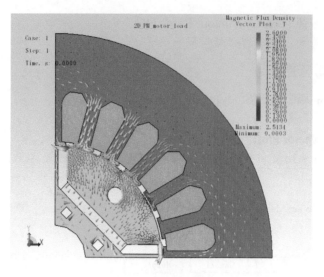

图 4-169　磁通矢量云图

### 4.11.4　磁力线显示

① 右键单击树状视图中 [Study] 下的 [Results]。

*快捷菜单出现*

② 选择 [New Flux Line]。

*[Treeview] 选项卡切换到 [Control] 选项卡，[Flux Line] 设置界面出现，如图 4-170 所示*

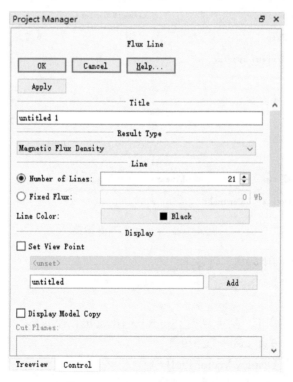

图 4-170　[Flux Line] 设置界面

3）在 [Title] 文本框中输入一个名称。

*在这个例子中，使用"Flux Line"作为名称*

4）具体设置如图 4-171 所示。

| Item | | Parameter |
|---|---|---|
| Title | | Flux Line |
| Result Type | | Magnetic Flux Density |
| Line | Coordinate System | Global Rectangular |
| | Component | Absolute |

图 4-171　[Flux Line] 参数设置

5）单击 [OK]。

*[Flux Line] 设置关闭。在树视图 [Study] > [Results] >[Flux Lines] 下的 [Title] 文本框中添加指定的名称 [Flux Line]*

6）单击工具按钮 [Display Flux Line] 。

*磁力线分布出现在图形窗口中，如图 4-172 所示*

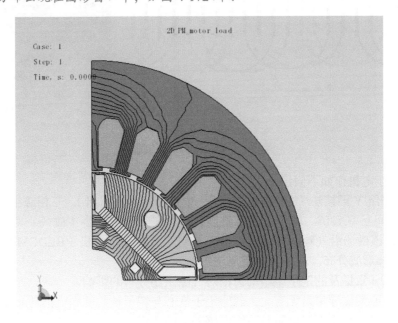

图 4-172　磁力线分布图

7）计算完成之后，单击保存工具按钮，保存结果文件。

*第 4.1.2 节所保存的 JMAG 项目文件 (*.jproj）会被覆盖*

在上一章永磁同步电机有限元分析建模中，读者可以了解到电机各部分的几何尺寸、位置、材料及运动属性等。基于这些材料并且为了实现电机的控制目标，本章将首先描述永磁同步电机的物理模型，然后建立其静止坐标系下的动态数学模型。为了简化数学模型，引入了几种常用的坐标系和坐标变换矩阵，得到了 $dq$ 坐标系下的动态数学模型。本章最后对电机的参数设置进行举例和简要说明。

## 5.1 PMSM 的物理模型

这里重新把 4.5.5 电机定子绕组线圈图绘制成图 5-1 所示的形状，给出每相绕组各个线圈的具体位置以及它们之间的具体连接图。

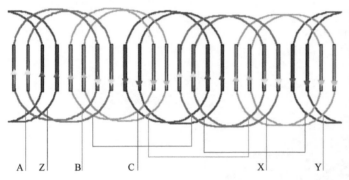
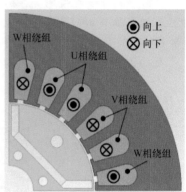

图 5-1 电机定子绕组线圈图

对永磁同步电机作如下假设：

1）定子绕组 Y 形接法（XYZ 连接到同一个点，对外不引出），三相绕组对称分布，各绕组轴线在空间互差 120°。转子上的永磁体在定转子气隙内产生主磁场：对于永磁同步电机（PMSM），该磁场沿气隙圆周呈正弦分布；对于无刷直流电机（BLDCM），该磁场沿气隙圆周通常呈梯形波分布。转子没有阻尼绕组。

2）忽略第 4 章提及的定子绕组的齿槽对气隙磁场分布的影响。

3）假设铁心的磁导率是无穷大，忽略定子铁心与转子铁心的涡流损耗和磁滞损耗。

4）忽略电机参数（绕组电阻与绕组电感等）的变化。

三相两极（一个 N 极与一个 S 极）交流永磁电机结构示意图如图 5-2 所示。

图 5-2 中的定子三相绕组 AX、BY、CZ 沿圆周呈对称分布，A、B、C 为各绕组的首端，X、Y、Z 为各绕组的尾端。规定各绕组首端流出电流、尾端流入电流为该相电流的正方向。此时，各绕组产生磁场（右手螺旋定则）方向规定为该绕组轴线的正方向，将这三个方向作为空间坐标轴的轴线，可以建立一个三相静止坐标系——$ABC$ 坐标系（$A$ 轴线超前 $C$ 轴线 120°，$B$ 轴线超前 $A$ 轴线 120°），在本书中也称为 3s 坐标系（s 的含义是定子）。如图 5-2b 所示的定子绕组位置示意图，可以简单地说，A 相绕组在 $A$ 轴线上，B、C 相绕组类似。

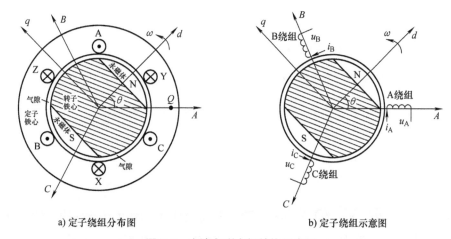

a) 定子绕组分布图　　　　　　　　　　b) 定子绕组示意图

图 5-2　交流永磁电机结构示意图

转子的电角位置与电角速度的正方向选取为逆时针方向。转子永磁体磁极轴线 $d$ 轴以及与其垂直的方向确定一个平面直角坐标系——$dq$ 坐标系（固定在转子上，也被称为 2r 坐标系，r 的含义是转子），其中 $d$ 轴正方向如图 5-2 所示（为磁极 N 的方向）；$q$ 轴正方向超前 $d$ 轴 90°。$d$ 轴线超前 $A$ 轴线角度为 $\theta$，$\theta = 0°$ 意味着 $d$ 轴与 $A$ 轴重合。本章中的速度、角速度都是电气变量，特别说明的除外。

## 5.2　三相静止坐标系的 PMSM 动态数学模型

下面从基本电磁关系出发，推导出永磁同步电机的动态数学模型，为不失一般性，假定电机的转子具有凸极结构。电机的动态数学模型包括四组方程：电压方程、磁链方程、转矩方程与动力学方程。因为永磁同步电机只有定子绕组，没有转子绕组，所以电压方程和磁链方程仅需要列写定子侧方程即可。

### 5.2.1　定子电压方程

在 $ABC$ 坐标系中，可以列出三相定子电压方程矩阵形式如下

$$\boldsymbol{u}_1 = \boldsymbol{R} \cdot \boldsymbol{i}_1 + p\boldsymbol{\psi}_1(\theta, i) \tag{5-1}$$

式中，$\boldsymbol{u}_1$ 是定子绕组相电压矩阵，$\boldsymbol{u}_1 = [u_A\ u_B\ u_C]^T$，$u_A$、$u_B$、$u_C$ 分别是三相定子绕组相电压（V）；$\boldsymbol{i}_1$ 是定子绕组相电流矩阵，$\boldsymbol{i}_1 = [i_A\ i_B\ i_C]^T$，$i_A$、$i_B$、$i_C$ 分别是三相定子绕组相电流（A）；

$\boldsymbol{R}$ 是定子绕组相电阻矩阵，$\boldsymbol{R} = \begin{bmatrix} R_1 & 0 & 0 \\ 0 & R_1 & 0 \\ 0 & 0 & R_1 \end{bmatrix}$，$R_1$ 是三相对称定子绕组一相电阻（Ω）；$p$ 是

微分算子，$p = \mathrm{d}/\mathrm{d}t$；$\boldsymbol{\psi}_1(\theta, i) = \begin{bmatrix} \psi_A(\theta, i) \\ \psi_B(\theta, i) \\ \psi_C(\theta, i) \end{bmatrix}$ 是定子相绕组磁链矩阵，$\psi_A(\theta, i)$、$\psi_B(\theta, i)$、$\psi_C(\theta,$

$i)$ 分别是三相定子绕组的全磁链（Wb）；$\theta$ 是图 5-2 中 $d$ 轴与 $A$ 轴夹角的空间电角度。

## 5.2.2 定子磁链方程

三相定子绕组的全磁链 $\psi_1(\theta, i)$ 可以表示为

$$\psi_1(\theta, i) = \psi_{11}(\theta, i) + \psi_{12}(\theta) \tag{5-2}$$

式中，$\psi_{12}(\theta)$ 矩阵是永磁体磁场匝链到定子绕组的永磁磁链矩阵。

$$\psi_{12}(\theta) = \begin{bmatrix} \psi_{fA}(\theta) \\ \psi_{fB}(\theta) \\ \psi_{fC}(\theta) \end{bmatrix} \tag{5-3}$$

式中，$\psi_{fA}(\theta)$、$\psi_{fB}(\theta)$、$\psi_{fC}(\theta)$ 分别是永磁体磁场交链 A、B、C 三相定子绕组的永磁磁链分量（Wb），与定子电流无关。对于一台确定的电机，永磁磁链仅与转子位置 $\theta$ 有关。

式（5-2）中的 $\psi_{11}(\theta, i)$ 是定子绕组电流产生的磁场匝链到定子绕组自身的磁链分量

$$\psi_{11}(\theta, i) = \begin{bmatrix} \psi_{1A}(\theta, i) \\ \psi_{1B}(\theta, i) \\ \psi_{1C}(\theta, i) \end{bmatrix} = \begin{bmatrix} L_{AA}(\theta) & M_{AB}(\theta) & M_{AC}(\theta) \\ M_{BA}(\theta) & L_{BB}(\theta) & M_{BC}(\theta) \\ M_{CA}(\theta) & M_{CB}(\theta) & L_{CC}(\theta) \end{bmatrix} \cdot \begin{bmatrix} i_A \\ i_B \\ i_C \end{bmatrix} \tag{5-4}$$

式中，$L_{AA}$、$L_{BB}$、$L_{CC}$ 分别是三相定子绕组的自感（H）；$M_{AB}$、$M_{AC}$、$M_{BA}$、$M_{BC}$、$M_{CA}$、$M_{CB}$ 分别是三相定子绕组之间的互感（H）。

下面对式（5-4）中的电感系数分别进行分析。

### 1. 定子绕组的漏自感和自感

永磁同步电机定子绕组中通入三相电流后，由电流产生的磁通分为两部分：一部分为漏磁通，与漏磁通相对应的电感与转子位置无关，是一个恒定值；另一部分为主磁通，该磁通穿过气隙且与其他两相定子绕组交链。当电机转子转动时，凸极效应会引起主磁通路径的磁阻变化，对应的电感系数也相应发生变化。在距离 $d$ 轴角度为 $\theta$ 的点 $Q$ 处，单位面积的气隙磁导 $\lambda_\delta(\theta)$ 可以足够精确地表示为

$$\lambda_\delta(\theta) = \lambda_{\delta 0} - \lambda_{\delta 2}\cos 2\theta \tag{5-5}$$

式中，$\lambda_{\delta 0}$ 是气隙磁导的平均值；$\lambda_{\delta 2}$ 是气隙磁导的二次谐波幅值。

式（5-5）描述的气隙磁导与转子位置角 $\theta$ 之间的关系如图 5-3 所示。当 $\theta = 0°$ 时，$d$ 轴方向的气隙磁导为

$$\lambda_{\delta d} = \lambda_{\delta 0} - \lambda_{\delta 2} \tag{5-6}$$

当 $\theta = 90°$ 时，$q$ 轴方向的气隙磁导为

$$\lambda_{\delta q} = \lambda_{\delta 0} + \lambda_{\delta 2} \tag{5-7}$$

注意，式（5-5）~式（5-7）与电励磁同步电机的公式略有不同，因为两类电机中 $d$、$q$ 轴的气隙磁导规律不同（永磁同步电机中，$d$ 轴电感小于或者近似等于 $q$ 轴电感，电励磁同步电机则反之）。为了更加符合 PMSM 情况，对公式略作修改，但并不影响最终推导的 $d$、$q$ 轴电感以及磁链和转矩方程的表达式。

由此可以得到

$$\lambda_{\delta 0} = \frac{1}{2}\left(\lambda_{\delta d} + \lambda_{\delta q}\right) \tag{5-8}$$

$$\lambda_{\delta 2} = \frac{1}{2}\left(\lambda_{\delta q} - \lambda_{\delta d}\right) \tag{5-9}$$

$$\lambda_{\delta}\left(\theta\right) = \frac{1}{2}\left(\lambda_{\delta d} + \lambda_{\delta q}\right) + \frac{1}{2}\left(\lambda_{\delta d} - \lambda_{\delta q}\right)\cos 2\theta \tag{5-10}$$

为了对比得更加清楚，图 5-3 中还绘制了定子绕组三相电流的示意图。这三相电流在转子位置从 0°~360° 的变化过程中都呈现出周期性变化特性，在此过程中，气隙磁导出现了两个周期。

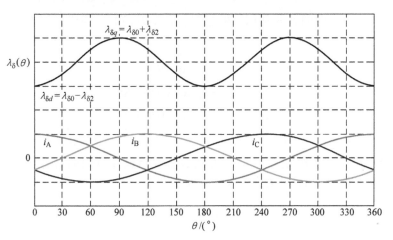

图 5-3　气隙磁导波形图

以 A 相定子绕组为例，当通入电流 $i_A$ 时，在 A 相定子绕组轴线方向的磁势 $F_A$ 与 Q 点处单位面积的气隙磁导 $\lambda_{\delta}\left(\theta\right)$ 对应的 A 相定子绕组气隙磁链 $\psi_{A\delta}\left(\theta\right)$ 满足如下关系

$$\begin{aligned}\psi_{A\delta}\left(\theta\right) &= KF_A\lambda_{\delta}\left(\theta\right) = KN_A i_A\left[\frac{1}{2}\left(\lambda_{\delta d} + \lambda_{\delta q}\right) + \frac{1}{2}\left(\lambda_{\delta d} - \lambda_{\delta q}\right)\cos 2\theta\right]\\ &= i_A\left[\frac{1}{2}\left(L_{AAd} + L_{AAq}\right) + \frac{1}{2}\left(L_{AAd} - L_{AAq}\right)\cos 2\theta\right]\end{aligned} \tag{5-11}$$

式中，$K$ 是气隙磁链和磁势、气隙磁导的比例系数；$N_A$ 是 A 相绕组的匝数；$L_{AAd} = KN_A\lambda_{\delta d}$；$L_{AAq} = KN_A\lambda_{\delta q}$。

根据漏自感和自感的定义，A 相定子绕组的漏自感 $L_{A\sigma}$ 和自感 $L_{AA}$ 分别表示为

$$L_{A\sigma} = \frac{\psi_{A\sigma}}{i_A} = L_1 \tag{5-12}$$

$$\begin{aligned}L_{AA} &= \frac{\psi_{A\sigma} + \psi_{A\delta}\left(\theta\right)}{i_A} = L_1 + \frac{1}{2}\left(L_{AAd} + L_{AAq}\right) + \frac{1}{2}\left(L_{AAd} - L_{AAq}\right)\cos 2\theta\\ &= L_{s0} - L_{s2}\cos 2\theta\end{aligned} \tag{5-13}$$

式中，$L_1$ 是漏自感的平均值，与 A 相定子绕组漏磁链 $\psi_{A\sigma}$ 有关，与转子位置无关；$L_{s0}$ 是 A 相定子绕组自感的平均值；$L_{s2}$ 是 A 相定子绕组自感二次谐波的幅值。

可以看出，有以下关系式成立

$$L_{s0} = L_1 + \left(L_{AAd} + L_{AAq}\right)\big/2 \tag{5-14}$$

$$L_{s2} = \left(L_{AAq} - L_{AAd}\right)\big/2 \tag{5-15}$$

由于 B 相定子绕组和 C 相定子绕组与 A 相定子绕组在空间互差 120°，可以认为 A、B、C 三相定子绕组各自的漏电感相等，即有

$$L_{A\sigma} = L_{B\sigma} = L_{C\sigma} = L_1 \tag{5-16}$$

因而将式（5-13）中的 $\theta$ 分别用 $(\theta-120°)$ 和 $(\theta+120°)$ 替代，可以求得 A、B、C 三相定子绕组的自感分别为

$$
\begin{aligned}
L_{AA} &= L_{s0} - L_{s2}\cos 2\theta \\
L_{BB} &= L_{s0} - L_{s2}\cos 2(\theta-120°) \\
L_{CC} &= L_{s0} - L_{s2}\cos 2(\theta+120°)
\end{aligned}
\tag{5-17}
$$

### 2. 定子绕组的互感

当 A 相定子绕组通入电流 $i_A$ 时，在 A 相定子绕组轴线方向的磁势 $F_A$ 可以分解为 $d$ 轴方向的直轴磁势分量 $F_{Ad}$ 和 $q$ 轴方向的交轴磁势分量 $F_{Aq}$。

$$
\begin{aligned}
F_{Ad} &= N_A i_A \cos\theta \\
F_{Aq} &= N_A i_A \sin\theta
\end{aligned}
\tag{5-18}
$$

直轴磁势分量 $F_{Ad}$ 和交轴磁势分量 $F_{Aq}$ 分别产生各自的磁链分量 $\psi_{Ad}(\theta)$ 和 $\psi_{Aq}(\theta)$。

$$
\begin{aligned}
\psi_{Ad}(\theta) &= K F_{Ad} \lambda_{\delta d} = K N_A \lambda_{\delta d} i_A \cos\theta \\
\psi_{Aq}(\theta) &= K F_{Aq} \lambda_{\delta q} = K N_A \lambda_{\delta q} i_A \sin\theta
\end{aligned}
\tag{5-19}
$$

由于 $d$ 轴与 B 相定子绕组轴线相差 $(\theta-120°)$，所以 $\psi_{Ad}(\theta)$ 与 B 相定子绕组交链的部分为 $\psi_{Ad}(\theta)\cos(\theta-120°)$，$\psi_{Aq}(\theta)$ 与 B 相定子绕组交链的部分为 $\psi_{Aq}(\theta)\sin(\theta-120°)$；因此，A 相定子绕组电流 $i_A$ 经过气隙与 B 相定子绕组交链的磁链 $\psi_{BA\delta}(\theta)$ 表示为

$$
\begin{aligned}
\psi_{BA\delta}(\theta) &= \psi_{Ad}(\theta)\cos(\theta-120°) + \psi_{Aq}(\theta)\sin(\theta-120°) \\
&= L_{AAd} i_A \cos\theta\cos(\theta-120°) + L_{AAq} i_A \sin\theta\sin(\theta-120°) \\
&= -i_A\left[\frac{1}{4}\left(L_{AAd}+L_{AAq}\right) + \frac{1}{2}\left(L_{AAd}-L_{AAq}\right)\cos 2(\theta+30°)\right]
\end{aligned}
\tag{5-20}
$$

A 相定子绕组与 B 相定子绕组的互感 $M_{BA}$ 可以表示为

$$M_{BA} = \frac{\psi_{BA\delta}(\theta)}{i_A} = -M_{s0} + M_{s2}\cos 2(\theta+30°) \tag{5-21}$$

式中，$M_{s0}$ 是 A 相、B 相定子绕组互感平均值的绝对值；$M_{s2}$ 是 A 相、B 相互感的二次谐波的幅值。

$$M_{s0} = \frac{1}{4}\left(L_{AAd} + L_{AAq}\right) \tag{5-22}$$

$$M_{s2} = \frac{1}{2}\left(L_{AAq} - L_{AAd}\right) = L_{s2} \tag{5-23}$$

由于空间的对称性，当 B 相定子绕组通入电流 $i_B$ 时，B 相定子绕组与 A 相定子绕组的互感可表示为

$$M_{AB} = -M_{s0} + M_{s2}\cos 2\left(\theta + 30°\right) \tag{5-24}$$

因而将式（5-20）和式（5-21）中的 $\theta$ 分别用（$\theta$-120°）和（$\theta$+120°）替代，可以得到 A、B、C 三相定子绕组的互感分别为

$$\begin{aligned}
M_{AB} = M_{BA} &= -M_{s0} + M_{s2}\cos 2\left(\theta + 30°\right) \\
M_{BC} = M_{CB} &= -M_{s0} + M_{s2}\cos 2\left(\theta - 90°\right) \\
M_{AC} = M_{CA} &= -M_{s0} + M_{s2}\cos 2\left(\theta + 150°\right)
\end{aligned} \tag{5-25}$$

将式（5-17）和式（5-25）代入式（5-4）定子磁链分量的矩阵方程，可得

$$\begin{bmatrix} \psi_{1A}(\theta,i) \\ \psi_{1B}(\theta,i) \\ \psi_{1C}(\theta,i) \end{bmatrix} = \left\{ \begin{bmatrix} L_{s0} & -M_{s0} & -M_{s0} \\ -M_{s0} & L_{s0} & -M_{s0} \\ -M_{s0} & -M_{s0} & L_{s0} \end{bmatrix} + \right.$$
$$\left. \begin{bmatrix} -L_{s2}\cos 2\theta & M_{s2}\cos 2(\theta+30°) & M_{s2}\cos 2(\theta+150°) \\ M_{s2}\cos 2(\theta+30°) & -L_{s2}\cos 2(\theta-120°) & M_{s2}\cos 2(\theta-90°) \\ M_{s2}\cos 2(\theta+150°) & M_{s2}\cos 2(\theta-90°) & -L_{s2}\cos 2(\theta+120°) \end{bmatrix} \right\} \cdot \begin{bmatrix} i_A \\ i_B \\ i_C \end{bmatrix} \tag{5-26}$$

PMSM 定子绕组电感与转子位置的关系示意图如图 5-4 所示。

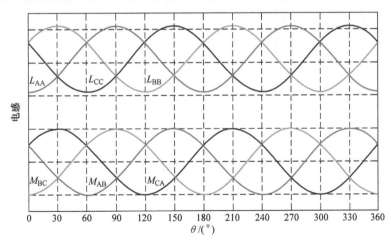

图 5-4　PMSM 定子绕组电感与转子位置的关系示意图

### 5.2.3 转矩方程

永磁同步电机的电磁转矩可以表示为

$$T_e = -n_p \cdot \begin{bmatrix} i_A & i_B & i_C \end{bmatrix} \cdot \begin{bmatrix} -L_{s2}\sin 2\theta & M_{s2}\sin 2(\theta+30°) & M_{s2}\sin 2(\theta+150°) \\ M_{s2}\sin 2(\theta+30°) & -L_{s2}\sin 2(\theta-120°) & M_{s2}\sin 2(\theta-90°) \\ M_{s2}\sin 2(\theta+150°) & M_{s2}\sin 2(\theta-90°) & -L_{s2}\sin 2(\theta+120°) \end{bmatrix} \cdot \begin{bmatrix} i_A \\ i_B \\ i_C \end{bmatrix} +$$

$$\frac{n_p}{\omega} \begin{bmatrix} i_A & i_B & i_C \end{bmatrix} \cdot \begin{bmatrix} e_{rA}(\theta) \\ e_{rB}(\theta) \\ e_{rC}(\theta) \end{bmatrix} \tag{5-27}$$

式中，$n_p$ 是电机的极对数；$\omega$ 是电机的电角频率（rad/s）；$e_{rA}$、$e_{rB}$、$e_{rC}$ 分别是电机旋转时，永磁体在定子绕组中产生的反电势。

式（5-27）中的第一部分转矩对应着磁阻转矩，第二部分转矩是永磁体与定子电流作用产生的永磁转矩，该转矩公式对 PMSM 和 BLDCM 都适用。

对于正弦波磁场分布的 PMSM，式（5-3）中的永磁磁链可以表示为

$$\boldsymbol{\psi}_{12}(\theta) = \begin{bmatrix} \psi_{fA}(\theta) \\ \psi_{fB}(\theta) \\ \psi_{fC}(\theta) \end{bmatrix} = \psi_f \begin{bmatrix} \cos\theta \\ \cos(\theta-120°) \\ \cos(\theta-240°) \end{bmatrix} \tag{5-28}$$

式中，$\psi_f$ 是定子相绕组中永磁磁链的峰值。

由此，式（5-27）的转矩公式可以表示为

$$T_e = -n_p \cdot \begin{bmatrix} i_A & i_B & i_C \end{bmatrix} \cdot \begin{bmatrix} -L_{s2}\sin 2\theta & M_{s2}\sin 2(\theta+30°) & M_{s2}\sin 2(\theta+150°) \\ M_{s2}\sin 2(\theta+30°) & -L_{s2}\sin 2(\theta-120°) & M_{s2}\sin 2(\theta-90°) \\ M_{s2}\sin 2(\theta+150°) & M_{s2}\sin 2(\theta-90°) & -L_{s2}\sin 2(\theta+120°) \end{bmatrix} \cdot \begin{bmatrix} i_A \\ i_B \\ i_C \end{bmatrix} -$$

$$n_p\psi_f \begin{bmatrix} i_A & i_B & i_C \end{bmatrix} \cdot \begin{bmatrix} \sin\theta \\ \sin(\theta-120°) \\ \sin(\theta-240°) \end{bmatrix} \tag{5-29}$$

### 5.2.4 动力学方程

根据牛顿第二定律可知电机运动平衡方程式为

$$T_e - T_1 = \frac{J}{n_p}\frac{d\omega}{dt} \tag{5-30}$$

式中，$J$ 是整个机械负载系统折算到电机轴端的转动惯量（kg·m$^2$）；$T_1$ 是折算到电机轴端的负载转矩（N·m）。

综上，永磁同步电机的电压矩阵方程、磁链方程、转矩方程和动力学方程共同组成了交流永磁电机的一般化动态数学模型。从中可以看出，交流永磁电机在 $ABC$ 坐标轴系中的数学模型非常复杂，它具有非线性、时变、高阶、强耦合的特征。为了便于对电机的运行过程进行深入分析，必须对其进行简化。

## 5.3　坐标变换

在对交流电机数学模型进行简化的过程中，需要引入不同的坐标系，并将某些物理量在不同坐标系之间进行变换，这就是坐标变换。常用的坐标系如图 5-5 所示。图 5-5a 是一个由 $ABC$ 三个坐标轴构成的三相静止坐标系，它就是图 5-2 中的三相 $ABC$ 定子坐标系（3s 坐标系），每个坐标轴上有一个等效绕组。图 5-5b 是一个静止的两相平面直角坐标系（2s 坐标系），其中 $\alpha$ 轴与图 5-5a 中的 $A$ 轴线重合，$\beta$ 轴超前 $\alpha$ 轴 $90°$，同样，两个坐标轴（$\alpha$ 与 $\beta$）上分别各有一个绕组。图 5-5c 给出的是一个以速度 $\omega$ 旋转的平面直角坐标系（2r 坐标系），两个坐标轴（$d$ 轴与 $q$ 轴，其中 $q$ 轴超前 $d$ 轴 $90°$）上也分别各有一个绕组。

可以设想：如果电机的定子三相绕组可以采用图 5-5c 中的绕组等效，并且 $dq$ 坐标系与转子坐标系（图 5-2a 中的 $dq$ 坐标系）重合的话，那么 $dq$ 轴上新的定子绕组与转子就相对静止，它们之间的互感也就不会与转子位置 $\theta$ 有关系了，电感矩阵将会得到极大地简化。下面对三种坐标系中的绕组如何等效进行分析，同时分析不同坐标系绕组中的物理量（电压、电流等）之间如何进行等效变换。

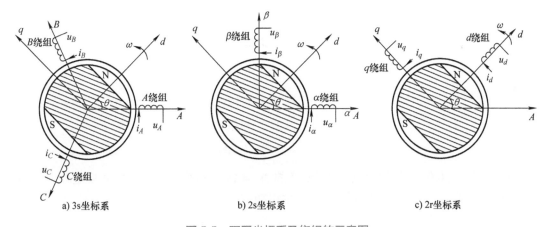

a) 3s坐标系　　　　　b) 2s坐标系　　　　　c) 2r坐标系

图 5-5　不同坐标系及绕组的示意图

电机内的气隙磁场是进行电磁能量传递的媒介，定、转子间能量的传递正是通过气隙磁场进行的。不同类型的绕组进行变换时，需要保证它们产生的总磁势不变。只有遵守这一原则，才能保证电机能量转换关系不变。

图 5-5a 中三相对称定子绕组的每相匝数均为 $N_3$，那么三相绕组产生的磁势空间矢量在静止坐标系中采用复数可以表示为

$$\boldsymbol{f}_{3s}^{2s} = N_3\left( i_A + i_B \mathrm{e}^{\mathrm{j}\frac{2\pi}{3}} + i_C \mathrm{e}^{\mathrm{j}\frac{4\pi}{3}} \right) \tag{5-31}$$

式中，$\boldsymbol{f}_{3s}^{2s}$ 的下角标 3s 表示该磁势由 3s 坐标系绕组产生；上角标 2s 表示描述该磁势的坐标系，这里即是两相静止 $\alpha\beta$ 坐标系。

图 5-5b 中两相静止绕组的每相绕组匝数为 $N_2$，两相绕组产生的磁势空间矢量为

$$\boldsymbol{f}_{2s}^{2s} = N_2\left(i_\alpha + i_\beta e^{j\frac{\pi}{2}}\right) \tag{5-32}$$

图 5-5c 中两相旋转绕组的每相绕组匝数为 $N_2$，两相绕组产生的磁势空间矢量为

$$\boldsymbol{f}_{2r}^{2s} = N_2\left(i_d + i_q e^{j\frac{\pi}{2}}\right)e^{j\theta} \tag{5-33}$$

令 $ABC$ 绕组、$\alpha\beta$ 绕组产生的磁势相等，即

$$\boldsymbol{f}_{3s}^{2s} = \boldsymbol{f}_{2s}^{2s} \tag{5-34}$$

由此可以推导出

$$\left(i_\alpha + i_\beta e^{j\frac{\pi}{2}}\right) = \frac{N_3}{N_2}\left(i_A + i_B e^{j\frac{2\pi}{3}} + i_C e^{j\frac{4\pi}{3}}\right) \tag{5-35}$$

式中，通常取 $N_3/N_2 = 2/3$，这样推导的三相电流与两相电流的幅值是相等的（因此也称之为恒幅值变换）。此时，根据式（5-35）推出 3s 坐标系中 $ABC$ 绕组的电流与 2s 坐标系中 $\alpha\beta$ 绕组的电流之间的恒幅值变换矩阵分别为

$$\boldsymbol{C}_{3s\to2s} = \frac{2}{3}\begin{bmatrix} 1 & -1/2 & -1/2 \\ 0 & \sqrt{3}/2 & -\sqrt{3}/2 \end{bmatrix} \tag{5-36}$$

$$\boldsymbol{C}_{2s\to3s} = \begin{bmatrix} 1 & 0 \\ -1/2 & \sqrt{3}/2 \\ -1/2 & -\sqrt{3}/2 \end{bmatrix} \tag{5-37}$$

除此之外，还有一种被称为恒功率变换的 3s 与 2s 坐标系变量之间的变换矩阵，分别见式（5-38）与式（5-39），下角标中的 cp 表示恒功率。

$$\boldsymbol{C}_{3s\to2s\_cp} = \sqrt{\frac{2}{3}}\begin{bmatrix} 1 & -1/2 & -1/2 \\ 0 & \sqrt{3}/2 & -\sqrt{3}/2 \end{bmatrix} \tag{5-38}$$

$$\boldsymbol{C}_{2s\to3s\_cp} = \sqrt{\frac{2}{3}}\begin{bmatrix} 1 & 0 \\ -1/2 & \sqrt{3}/2 \\ -1/2 & -\sqrt{3}/2 \end{bmatrix} \tag{5-39}$$

根据 $\alpha\beta$ 绕组与 $dq$ 绕组产生的磁势相等，有

$$\boldsymbol{f}_{2s}^{2s} = \boldsymbol{f}_{2r}^{2s} \tag{5-40}$$

由此可以推导出

$$i_\alpha + i_\beta e^{j\frac{\pi}{2}} = i_d e^{j\theta} + i_q e^{j\frac{\pi}{2}} e^{j\theta} \tag{5-41}$$

根据式（5-41）可以推导出 2s 坐标系中 $\alpha\beta$ 绕组的电流与 2r 坐标系中 dq 绕组的电流之间的变换矩阵为

$$\boldsymbol{C}_{2r\to2s} = \begin{bmatrix} \cos\theta & -\sin\theta \\ \sin\theta & \cos\theta \end{bmatrix} \tag{5-42}$$

$$\boldsymbol{C}_{2s\to2r} = \begin{bmatrix} \cos\theta & \sin\theta \\ -\sin\theta & \cos\theta \end{bmatrix} \tag{5-43}$$

上述的变换关系表明，如果不同坐标系中绕组的电流满足上述变换公式，那么它们产生的磁势是等效的，遵循了该原则的绕组变换才是有意义的。

## 5.4　dq 转子坐标系的 PMSM 动态数学模型

前面 5.2 节中分析的 PMSM 动态数学模型是建立在三相静止坐标系的，其中的电感矩阵非常复杂，这是因为三相定子绕组之间的耦合情况与转子的位置密切相关。采用坐标变换可以将该数学模型变换到任意一个两相坐标系中，这样，耦合情况有可能会得到简化。如果选取的两相坐标系是将 d 轴始终定位在转子磁极轴线上的转子坐标系的话，电感矩阵将会简化为常数，数学模型将得到极大简化。

### 5.4.1　dq 坐标系动态数学模型推导

根据 5.3 节的推导，可以利用式（5-44）所示的变换矩阵将 ABC 坐标系中三相静止定子绕组的电流变量变换为 dq 转子坐标系中两相旋转绕组中的电流变量。

$$\begin{bmatrix} i_d \\ i_q \end{bmatrix} = \boldsymbol{C}_{2s\to2r} \boldsymbol{C}_{3s\to2s} \begin{bmatrix} i_A \\ i_B \\ i_C \end{bmatrix} \tag{5-44}$$

采用上述坐标变换原理，可以把交流电机不同的绕组变换为同一个坐标系（dq 坐标系）中的绕组。电机的电压、磁链等物理量的变换矩阵与上述的电流变换矩阵相同。这样，就可以将上一节中复杂的数学模型进行化简，从而得到永磁同步电机的数学模型。

（1）定子电压方程

$$\begin{aligned} u_d &= R_1 i_d + p\psi_d - \omega\psi_q \\ u_q &= R_1 i_q + p\psi_q + \omega\psi_d \end{aligned} \tag{5-45}$$

式中，$\omega$ 是转子旋转电角速度；$p$ 是微分算子；$R_1$ 是定子一相电阻。

（2）定子磁链方程

$$\begin{aligned} \psi_d &= \psi_f + L_d i_d \\ \psi_q &= L_q i_q \end{aligned} \tag{5-46}$$

式中，$L_d$、$L_q$ 分别是 d 轴与 q 轴的电感，它们与 5.2.2 节中的电感变量之间的关系为

$$L_d = L_{s0} + M_{s0} - 3/2 L_{s2} = L_1 + 3/2 L_{AAd}$$
$$L_q = L_{s0} + M_{s0} + 3/2 L_{s2} = L_1 + 3/2 L_{AAq}$$

（5-47）

由于 PMSM 转子永磁体产生的是正弦分布磁场，所以当该磁场变换到转子坐标系以后，仅与定子绕组中的 $d$ 绕组匝链（即式（5-46）中的 $\psi_f$ 项——一相定子绕组中永磁磁链的幅值），而与 $q$ 绕组没有匝链（BLDCM 则不同）。

（3）转矩方程

$$T_e = 1.5 n_p (\psi_d i_q - \psi_q i_d)$$
$$= 1.5 n_p i_q [\psi_f + (L_d - L_q) i_d]$$

（5-48）

（4）运动学方程

$$T_e - T_l = \frac{J}{n_p} \frac{d\omega}{dt}$$

### 5.4.2  PMSM 等效电路图

PMSM 在 $d$ 轴与 $q$ 轴上的动态等效电路分别如图 5-6 和图 5-7 所示，电压方程与磁链方程都体现在电路中。

在图 5-6 所示的 $d$ 轴等效电路中，定子侧有旋转电势（为转子电角速度与 $q$ 轴磁链乘积），另外转子侧有励磁电流，气隙磁场由永磁体与定子 $d$ 轴电枢反应磁场共同构成。

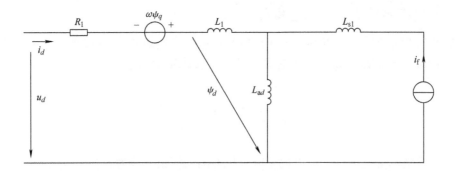

图 5-6  PMSM 的 $d$ 轴动态等效电路

在图 5-7 所示的 $q$ 轴等效电路中，定子侧有旋转电势（为转子电角速度与 $d$ 轴磁链乘积），$q$ 轴气隙磁场为 $q$ 轴定子电枢反应磁场。

当电机运行于稳态时，$dq$ 轴的电流、磁链与电压均是恒定的直流量，式（5-45）中的磁链微分项为 0。

当考虑电机铁耗时，图 5-6 与图 5-7 就不再适用了，可以采用图 5-8 所示的等效电路图。

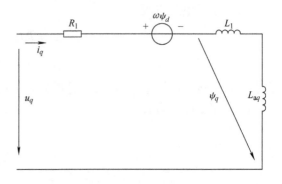

图 5-7  PMSM 的 $q$ 轴动态等效电路

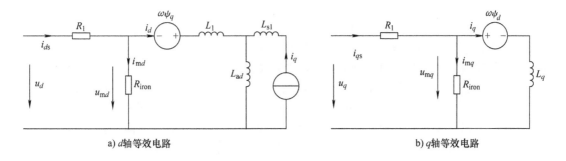

a) $d$ 轴等效电路　　　　　　　　　　　　　b) $q$ 轴等效电路

图 5-8　考虑到铁耗后的 PMSM 等效电路图

### 5.4.3　电机矢量图

永磁同步电机运行特性的分析往往要借助矢量图，矢量图有助于清楚、直观、定性地对各物理量的变化规律及它们之间的相互关系进行分析。下面将永磁同步电机的磁势空间矢量与电势时间矢量画在同一张图上，根据电动机惯例，磁通滞后于感应电势 90° 电角度。

凸极转子结构在同步电机中应用较为广泛，但是由于凸极电机的气隙不均匀，使得相同的电枢电流在交轴 $q$ 与直轴 $d$ 上产生的电枢反应是不相同的，加大了分析的难度。应用双反应定理可以有效解决这个问题：将电枢反应分解成交轴与直轴分量后分别分析，如图 5-9 所示。

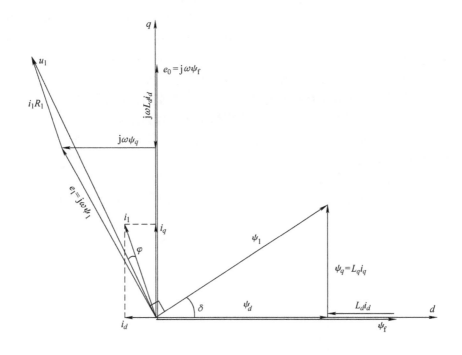

图 5-9　凸极永磁电动机时空矢量图（$i_d < 0$）

转子永久磁钢在主磁路中产生气隙磁场。当定子交流绕组中通过电流 $i_1$ 时，将产生电枢反应。将定子电流矢量变换到转子 $dq$ 坐标系中并分解成 $i_d$ 与 $i_q$，它们各自产生 $d$ 轴与 $q$

轴上的电枢反应。矢量图中定子电压矢量 $u_1$ 与定子电流矢量 $i_1$ 之间的电角度 $\varphi$ 为功率因数角。图 5-9 所示的矢量图为 PMSM 在一般运行情况下的矢量图，图中的定子电流矢量 $i_1$ 存在转矩电流分量 $i_q$ 与励磁电流分量 $i_d$（图中该电流为负，此时为去磁效果）。但是可以通过电流的闭环控制使图中的 $\varphi$ 角控制为 0，即功率因数恒定为 1 的运行工况；也可以使图中的定子电流矢量定位在 $q$ 轴上（即 $i_d = 0$），这样控制较为简单，一般在隐极电机中应用较多。

与 $i_d = 0$ 的控制不同，在图 5-9 中，去磁电流 $i_d$ 的存在可以使电机对定子绕组端电压 $u_1$ 的需求大大降低。一方面，其可以使电机在更高速度下运行；另一方面，较大的电压裕量使得电机电流的可控性大大提高；再者，从电机的转矩方程式（5-48）中可以看出（对于凸极 PMSM，有 $L_d < L_q$），此时的磁阻转矩为正，即去磁电流提高了电机的转矩输出能力。总之，去磁电流 $i_d$ 的存在更加有利于电机在高速区域的运行。

在电压型逆变器供电永磁电机变频调速系统的控制中，要注意逆变器输出电压的限制，还要注意逆变器输出电流的限制，这些限制条件对电机运行的工况会有较大影响。

## 5.5　电机参数解释

在编号为 RTML013 的 JMAG-RT 模型中，永磁同步电机的参数如下：定子相电阻为 $0.013\Omega$，定子相绕组永磁磁链为 0.0492Wb，电机极对数为 3，折算到电机轴的转动惯量为 $8.42 \times 10^{-4}\mathrm{kg} \cdot \mathrm{m}^2$，定子绕组 $d$ 轴电感为 0.662mH，$q$ 轴电感为 1.32mH，额定转速为 1200r/min，额定功率为 10kW，逆变器直流电压为 240V，开关频率为 6kHz。

关于参数的简单解释如下（默认采用恒幅值变换）：

1）永磁磁链：永磁体产生的磁场在定子一相绕组匝链磁链的最大值。可以利用原动机拖动被测电机（定子绕组 A、B、C 三个端子开路，不连接任何外电路）在某一转速下匀速转动，测量线电压峰值后连同电气角速度一起计算获得永磁磁链数值。

2）相电流峰值：由于采用了恒幅值变换，因此相电流峰值与定子电流矢量的幅值相等。

3）铜耗：定子绕组相电流有效值的平方乘以一相电阻后，再乘以 3。

4）输出有功功率：利用输出转矩与电机机械角速度计算得到。

5）输入有功功率：$d$ 轴有功功率（$u_d i_d$）与 $q$ 轴有功功率（$u_q i_q$）求和后，再乘以 3/2（因为采用了恒幅值变换的缘故）。

6）效率：输出有功功率与输入有功功率的比值。

7）（基波）功率因数：电机定子绕组相电流滞后相电压电角度的余弦值。

在产品开发中，经常会通过改变几何尺寸和驱动条件来比较设计方案的性能优劣。为此，在仿真中更改设计参数值并评估它对结果的影响，对电机设计非常有用。比如，当设计内嵌式永磁同步电机时，往往需要通过参数分析找到某个模型下转矩最大时对应的电流相位角，此时就可以把电流相位角进行参数化。比如，将电流相位角在 0~90° 内间隔 5° 进行划分，软件将生成 19 个案例，计算后得到 19 个结果。从结果中可以确定使转矩最大的电流相位角，这就是电机设计中常用的参数化分析。JMAG 中可以使用 [Case Control] 和设置设计参数来执行参数化仿真。由于能够在同一窗口中列出设计参数和它的值，所以很容易进行设置及检查。

此外，JMAG 可以使用后处理功能比较这些不同参数对应的结果。本章会对参数化功能进行介绍，根据各种参数化需求，介绍不同种参数化的操作方法，希望读者可以根据自己的需要查找到适合自己的方法。在本章最后，也会有一个完整的参数化操作流程，读者可以根据第 4 章的案例模型进行操作演练。

## 6.1 功能介绍

参数化分析通过更改一个或多个参数变量可以从单个 Study 中获得多个结果，并评估参数变化对结果的影响。

如图 6-1 所示，在设计初期阶段，对于电机的匝数还不明确的时候，如果设置线圈匝数在 50~110 匝之间，参数间隔为 20 匝，将这 4 个不同的 CASE 添加到现有电机模型的 Study 中，就可以评估匝数变化对结果的影响，从而选择合适的匝数。在匝数确定之后，同样可以通过这个方法确定电阻等参数。

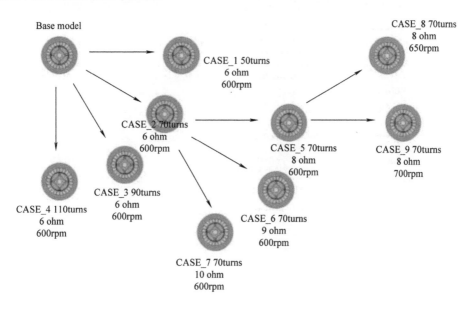

图 6-1  对电机的匝数进行参数化分析流程

对每个参数的设置及获得的结果可以在一张图中查看。在以下描述中，我们将这些可以被更改的参数统称为"设计变量"，将这些要评估的物理量称为"响应值"。

## 6.2 参数化的流程

JMAG 参数化流程可以用简易流程图表示，如图 6-2 所示。

1）创建用于参数化仿真的基本模型。

① 准备模型。

② 创建 Study 并设置材料和条件等。

用于参数化的 Study 与用于计算空载、负载的 Study 相同，请参阅第 4 章的内容。这里需要说明的是考虑到计算精度和收敛性，JMAG 没有将某些材料和条件参数设为设计变量，

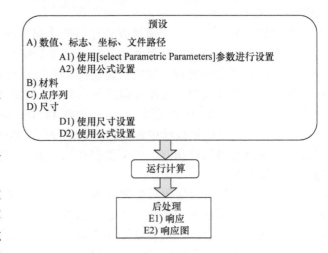

图 6-2 JMAG 参数化流程图

因此它们不会显示在 [Select CAD Parameters] 对话框和 [Select Parameters] 对话框中。

当在多台计算机上分布计算多个计算案例时，可能需要花费一些时间来传输结果文件。通过在 [Study Properties] 对话框的 [Output Control] 设置面板中设置以下选项，可以减小结果文件的大小，减少文件数，并且可以缩短文件传输时间和总计算时间，如图 6-3 所示。

图 6-3 Study 属性 Output 设置

首先，选中 [Output Table Results Only（No Mesh will be Output）]复选框，如图6-4所示。

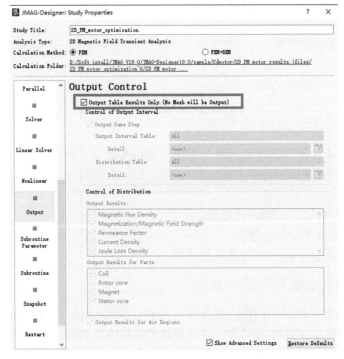

图 6-4　只输出表格数据（不输出网格）

其次，清除 [Output Results] 中不必要的物理量所对应的复选框，如图 6-5 所示。

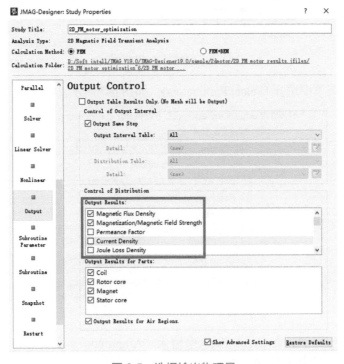

图 6-5　选择输出物理量

2）确定设计变量。其值将在参数分析和优化计算中变化的参数称为"设计变量"。

3）指定一个或多个设计变量值，并为每个值创建一个案例。

4）对创建的多个案例进行计算。

5）显示多个案例的结果。

6）从结果数据创建响应值。

7）使用响应值创建响应图。

## 6.3  参数化的类型和操作步骤

JMAG 的参数化根据使用变量的类型不同，可分为以下几种：

1）将仿真设定参数用作设计变量。

2）将尺寸值用作设计变量。

3）使用零件材料属性作为设计变量。

4）将材料特性用作设计变量。

接下来详细介绍这 4 种不同的参数化方法。

### 6.3.1  将仿真设定参数用作设计变量

该类型参数化可根据使用情况，将条件、电路、Study 属性、网格特性和每个零件的特性参数作为设计变量。在这种情况下，设定参数化的具体方法有两种。

（1）方法 1

1）在 [Project Manager] 中 [Study] 下右键选择 [Case Control]，如图 6-6 所示。

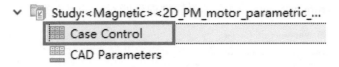

图 6-6　Case Control 选项

2）从上下文菜单中选择 [Select Parameters]，如图 6-7 所示。

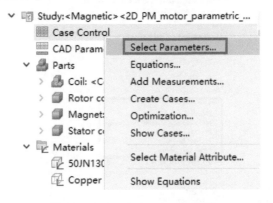

图 6-7　Select Parameters 选项

3）以电流幅值为例，在 [Look For:] 中输入 "Amplitude"，如图 6-8 所示。如需设定其他条件，则可以自行寻找或检索。

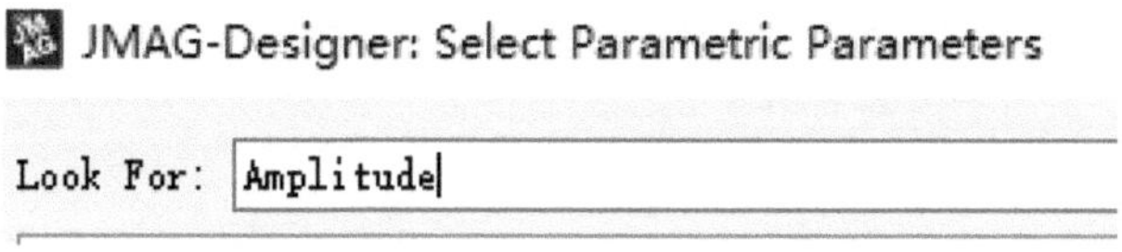

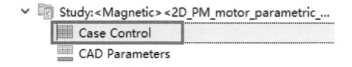

图 6-8　在 [Look For] 中输入"Amplitude"

4）勾选 [Design Parameter] 下 [Circuit] > [Three-phase Current Source] 中的 [Amplitude] 框，如图 6-9 所示。

| Design Parameter | Variable Name | Type | Current Value |
|---|---|---|---|
| ∨ Circuit | | | |
| ∨ Three-phase Current Source | Three-phase C... | | |
| ☑ Amplitude | \<variable nam... | Real | 4 A |

图 6-9　选择"Amplitude"

5）单击 [OK]。

6）在 [Project Manager] 中 [Study] 下右键选择 [Case Control]，如图 6-10 所示。

图 6-10　Case Control 选项

7）在菜单中选择 [Show Cases]，如图 6-11 所示。

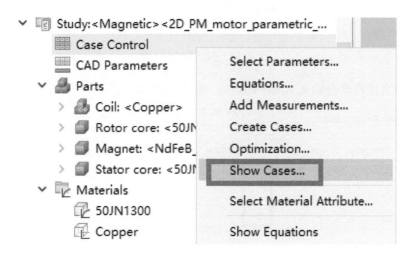

图 6-11　Show Cases 选项

8）出现 [Design Table] 设置面板，如图 6-12 所示。

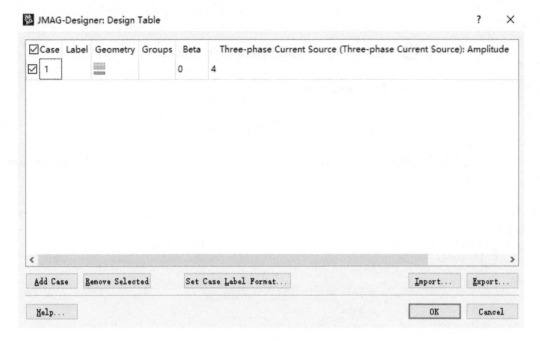

图 6-12　Design Table 设置面板

9）选择 [Add Case]，如图 6-13 所示。

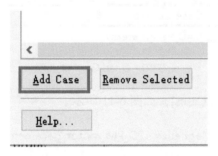

图 6-13　Add Case 选项

10）可以直接修改电流文本框中的数值，修改完成后如图 6-14 所示。

| Case | Label | Geometry | Groups | Beta | Three-phase Current Source (Three-phase Current Source): Amplitude |
|---|---|---|---|---|---|
| ☑ 1 | | | | 0 | 4 |
| ☑ 2 | | | | 0 | 8 |
| ☑ 3 | | | | 0 | 10 |

图 6-14　电流值设置

（2）方法 2　除了上述方法以外，还可以通过设定变量或公式来做参数化，下面以转速为例进行介绍。

1）双击项目管理器中 [Project] > [Model] > [Study]>[Conditions] 下的 [Motion] 条件，如图 6-15 所示。

2）删除 [Constant Revolution Speed] 中原来的转速值，右键单击空白的文本框，在上下文菜单中选择 [Equations...]，如图 6-16 所示。

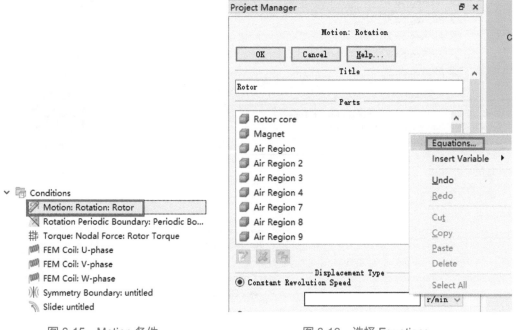

图 6-15　Motion 条件　　　　　　　　　　图 6-16　选择 Equations...

3）单击 [Equations] 对话框中的 [Add] 按钮，定义一个变量名为 "speed"、初始值为 1800 的参数变量，如图 6-17 所示。

图 6-17　设置速度参数

4）右键单击 [Constant Revolution Speed] 中的文本框，单击 [Insert Variable] > [speed（1800）]，将 speed 变量赋予 [Constant Revolution Speed]，最后单击 [OK] 按钮，如图 6-18 所示。

5）由于转速的改变会导致电频率的改变，因此需要在电路中设定电频率和转速的表达式，以使得转速发生改变时系统能够自动更新电频率的值。

6）首先，在 [Project Manager] 中右键选择 [Circuit]。其次，选择 [View...]，如图 6-19 所示。

7）在电路图中双击 [Three-phase Current Source]，如图 6-20 所示。

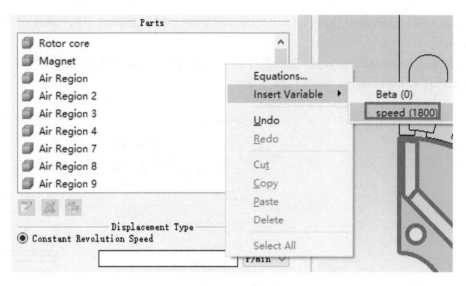

图 6-18　插入速度变量

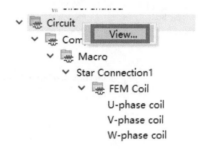

图 6-19　查看电路

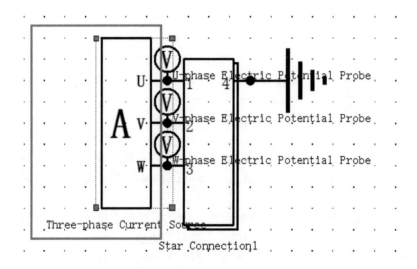

图 6-20　三相电流源

8）右键单击 [Frequency，F] 下的文本框。

9）选择 [Equations...]，如图 6-21 所示。

10）单击 [Add...]，如图 6-22 所示。

11）定义变量名为 "ele_fre" 的频率变量，[Type] 选择 Expression，右键单击 [Expression] 的文本框，选择 [Insert Variable] > [speed（1800）]，如图 6-23 所示。

12）定义频率和转速的表达式 speed*2/60，其中 2 代表本案例的极对数，完成定义后单击 [OK] 按钮，如图 6-24 所示。

13）删除 [Frequency，F] 下文本框中的数值。

14）右键选择 [Frequency，F] 下的文本框。

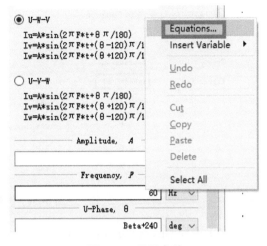

图 6-21　设置参数

图 6-22　增加变量

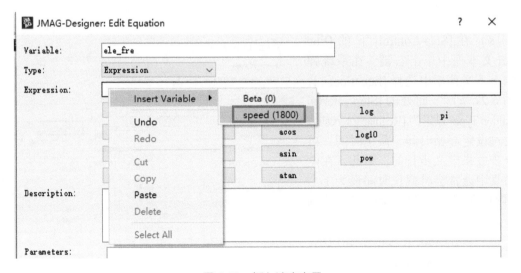

图 6-23　插入速度变量

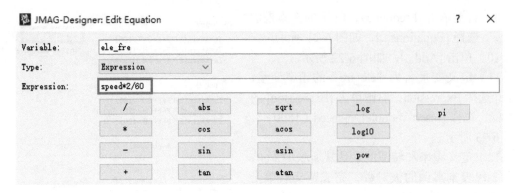

图 6-24　设置频率变量表达式

15）选择 [Insert Variable] > [ele_fre（speed*2/60）]，如图 6-25 所示。

16）设置后退出 Edit Circuit 界面。

17）此外，除了上述这些设定以外，为了保证转速变化时步分辨率能够一样，需要设置步长和转速的表达式，也需要对仿真步长等进行参数化设置。在 [Study] 上单击右键，选择 [Properties...]，如图 6-26 所示。

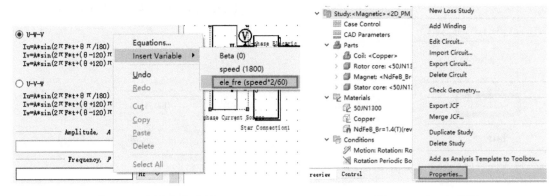

图 6-25　插入频率变量

图 6-26　Study 属性

18）在 [Step Control] 下 的 [End Time] 文本框中单击右键，在系统弹出的上下文菜单中选择 [Equations...]，如图 6-27 所示。此处的 [Step Interval Definition Type] 设置为 [Regular Intervals]，是通过设定起始时间、截止时间，再划分步数来定义步长的。因此，在电机仿真中通常会将截止时间设为 1 个电周期，再设定将这 1 个电周期分割成多少步来定义步长。

19）单击 [Add...]，如图 6-28 所示。

20）设置参数表达式为频率的倒数，如图 6-29 所示。

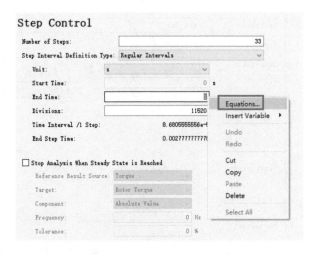

图 6-27　Step Control 设置

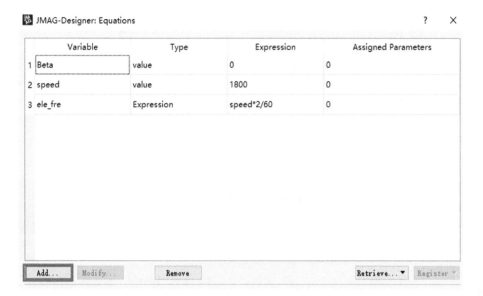

图 6-28　增加变量

21）删除 [End Time] 中的原有值。

22）右键选择 [End Time]。

23）选 择 [Insert Variable] > [ele_T（1/ele_fre）]，如图 6-30 所示。

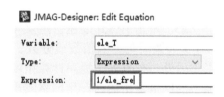

图 6-29　设置参数表达式变量

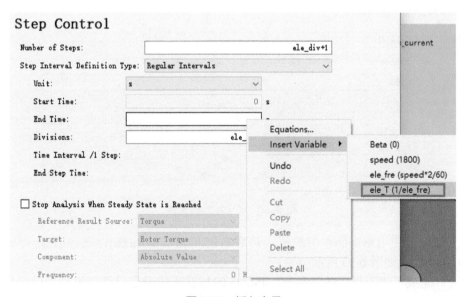

图 6-30　插入变量

24）在 [Step Control] 下的 [Divisions] 文本框中单击右键，在系统弹出的上下文菜单中选择 [Equations...]，如图 6-31 所示。

图 6-31　设置划分数

25）单击 [Add] 按钮，定义 1 个电周期的步数。由于旋转电机的特性，通常为 180、360 这些圆周角度的倍数或分数，同时也需要考虑计算的分辨率、计算时间成本等综合因素。另外，有时为了提高计算精度，保证一步运动整数个网格，可以确保每一步位置处气隙中的网格不扭曲而产生网格噪声，因此步分辨率的设定需要根据用户需求来确定。此处以 180 为例，命名为"ele_div"，[Type] 选择 value，[Value] 输入 180，如图 6-32 所示。

| JMAG-Designer: Edit Equation | ? × |

| Variable: | ele_div |
| Type: | value |
| Value: | 180 |

| / | abs | sqrt | log | pi |
| * | cos | acos | log10 | |
| − | sin | asin | pow | |
| + | tan | atan | | |

图 6-32　定义划分数变量

26）删除原来 [Divisions] 中的值，然后右键单击 [Divisions]，选择 [Insert Variable] > [ele_div（180）]，如图 6-33 所示。

至此，完成了步长设定的参数化。JMAG 的仿真步数设定是需要通过先设定每一步的步长再设定仿真多少步来进行的，因此还需要设定仿真的总步数。

27）删除原来 [Number of Steps] 中的值，此处的值为仿真总的计算步数。假设此处需要计算 1 个电周期，则右键单击 [Number of Steps]，选择 [Insert Variable] > [ele_div（180）]，如图 6-34 所示。

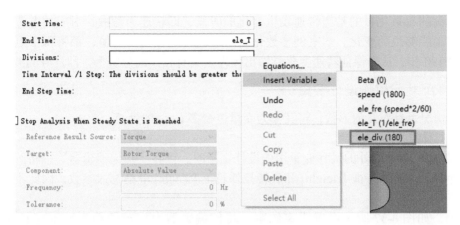

图 6-33　插入划分变量

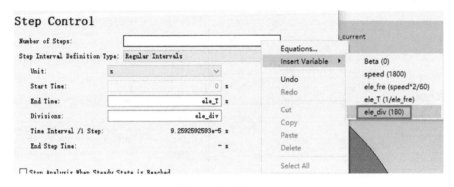

图 6-34　插入步数变量

28）插入后将 [Number of Steps] 中的 ele_div 加上 1，如图 6-35 所示。这是因为仿真中第一步对应的是电角度的 0°。计算完 1 个电角度周期，总共需要 181 步。

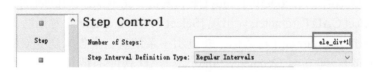

图 6-35　设置步数

29）在 [Project Manager] 中 [Study] 下用右键选择 [Case Control]，选择 [Show Cases]，系统弹出 [Design Table] 对话框；单击 [Add Case] 按钮，增加案例，然后改变转速 speed 的值，可以看到频率 ele_fre 变量自动更新；最后单击 [OK]，参数化完成，如图 6-36 所示。

图 6-36　增加 Case

本案例的参数化目的是当转速发生变化的时候，即转速为参数，对应的电源频率以及步长的控制能够跟随变化。本案例参数化后，无论转速设置为何值，都将每个电周期的步数划分为 180 步，从而保证转速变化时输出物理量具有相同的分辨率，即良好的波形。

### 6.3.2 将尺寸值用作设计变量

这种情况是针对几何形状，将其作为变量进行多 Case 的计算。

（1）具体步骤

1）将输入参数以外的尺寸变量用作设计变量时，请在"几何编辑器"中将约束条件设置为设计变量。拉伸特征 [Height] 和旋转拉伸特征 [Angle] 等是输入参数，因此不需要约束设置。

例如，如图 6-37 所示设置距离约束。几何编辑器中设置的约束显示在 [Select CAD Parameters] 对话框中。

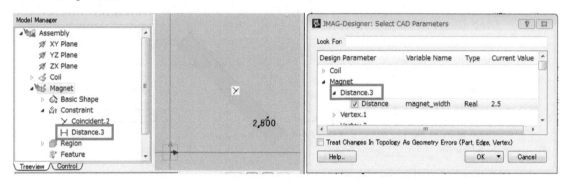

图 6-37　设置距离约束

2）将用作设计变量的 CAD 参数导入 JMAG-Designer，设计变量是可更改的分析值的参数。

① 在项目管理器中的 [Model]> [Study] 下，右键单击 [CAD Parameter]：显示菜单。

② 选择 [Select CAD Parameters]：出现 [Select CAD Parameters] 对话框，如图 6-38 所示。

备注：如果打开 [Warning] 对话框，并显示一条消息，报告未建立 CAD 链接，请单击 [Restore CAD Link]。建立与 Geometry Editor 或 CAD 软件的链接后，将显示 [Select CAD Parameters] 对话框。

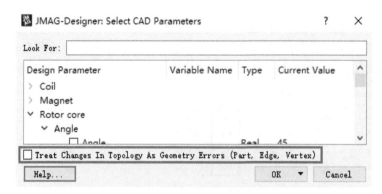

图 6-38　CAD 参数设置界面

③ 选中要用作设计变量的 CAD 参数的复选框。CAD 参数可以使用 [Look For] 进行查找。

备注：一般的参数化或优化不需要勾选 [Treat Changes In Topology As Geometry Errors（Part，Face，Edge，Vertex）]，该功能是一种严格的报错判定。在形状变更时也会因为一些参数的组合导致一些倒角、短边的消失，但整体形状并没有出现异常。如果勾选该选项之后，则会被软件认为形状干涉，引起报错。如果不勾选，则判定基准相对宽松，只要几何没有实质性的干涉则可以进行计算。

④ 单击 [OK]。[Select CAD Parameters] 对话框关闭。导入 JMAG-Designer 中的 CAD 参数显示在项目管理器中的 [Project]>[Model]>[Study]>[CAD Parameters] 下。之后可以在 Case 界面中设置参数数值，这和前一部分的操作相同。

3）如有必要，将零件体积（或表面积、边的长度）作为设计变量添加到 Study 中。当由于参数分析或优化中的几何形状变化导致零件面积、边的长度、体积等变化时，此设置很有用。

① 在项目管理器中的 [Model]>[Study] 下右键单击 [Case Control]，将显示如图 6-39 所示的菜单。

② 单击 [Add Measurements]，如图 6-39 所示，将出现 [Add Measurements] 设置面板。

③ 设置参数变量名称 [Variable]、选择参数类型 [Type]、选择目标 [Parts]（或 [Faces] 或 [Edges]），如图 6-40 所示。

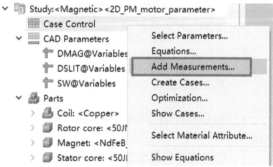

图 6-39　增加测量

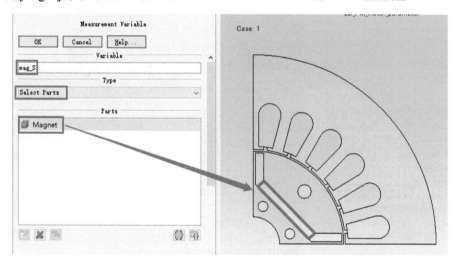

图 6-40　测量磁钢面积

④ 单击 [OK]。[Add Measurements] 设置面板关闭。添加的变量显示在项目管理器的 [Project] > [Model] > [Study] > [Case Control]>[Measurement] 下，如图 6-41 所示。

右键单击其中一个变量后，[Edit] 和 [Delete]

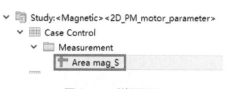

图 6-41　磁钢面积

显示为上下菜单，可以对该变量进行编辑或者删除。

（2）操作实例　接下来将介绍尺寸参数化操作实例，读者可以按照下面流程进行操作。此外，本次操作的案例是接续着第 4 章的结果，还请读者先完成第 4 章的操作演练（本章最后也会有完整的参数化操作流程）。

1）复制第 4 章创建的 "2D_PM_motor_load" 的 Study，将新的 Study 命名为 "2D_PM_motor_load_Dimension_parameter"。

2）右键单击 [CAD Parameter]，单击 [Select CAD Parameters...]，如图 6-42 所示。

3）弹出 [Warning] 对话框，选择 [Restore CAD Link] 按钮，创建与 JMAG 自带的几何编辑器 Geometry Editor 的链接关系，如图 6-43 所示。

图 6-42　选择 CAD 参数　　　　　　　　图 6-43　Restore CAD Link

4）在 Geometry Editor 编辑器中，右键单击转子铁心 [Rotor core]，单击 [Edit Sketch]，如图 6-44 所示。

5）双击槽厚度尺寸标注 2.500，如图 6-45 所示。

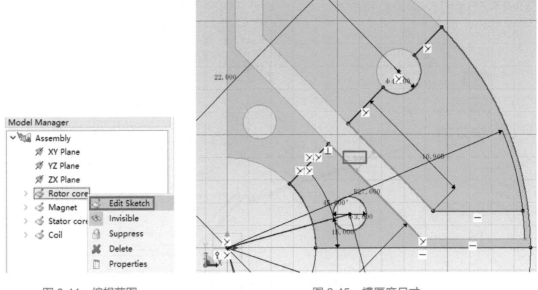

图 6-44　编辑草图　　　　　　　　　　图 6-45　槽厚度尺寸

6）右键单击 [Distance] 的文本框，弹出上下文菜单，单击 [Equations...]，如图 6-46 所示。

7）单击 [Add] 按钮，弹出如图 6-47 所示的对话框，设置变量名称为 mag_H，[Type] 为 Value，[Value] 值设置为 2.5，最后单击 [OK] 按钮，即定义好名称为 mag_H 的变量。

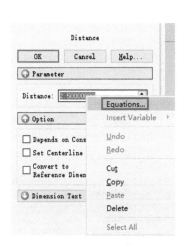

图 6-46 设置变量

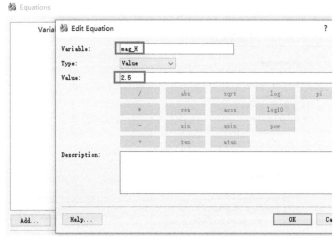

图 6-47 设置磁钢厚度变量

8）选择 [Distance] 文本框中原来的数字，右键单击后选择 [Insert Variable] > [mag_H（2.5）]，最后单击 [OK] 按钮，完成将定义的变量 mag_H 赋予磁铁厚度，即将磁铁厚度尺寸参数化，如图 6-48 所示。

9）回到 JMAG-Designer 界面，右键单击 [2D Model:< 2D_PM_motor>]，弹出上下文菜单，选择 [Update model]，如图 6-49 所示。

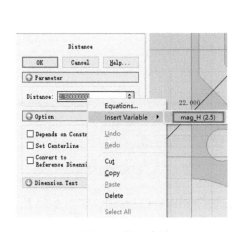

图 6-48 插入变量

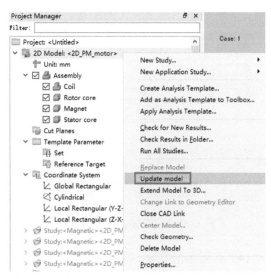

图 6-49 模型更新

10）JMAG 将产生一个新的模型文件，该模型文件继承了 [2D Model:< 2D_PM_motor>] 的 Study，并且每个 Study 中的条件、材料、网格等设置均被继承，同时将几何模型中创建的 mag_H 变量也增加到每个 Study 的 [CAD parameters] 中，如图 6-50 所示。

11）右键单击 [2DModel:<2D_PM_motor_results>]>[Study：<Magnetic><2D_PM_motor_load_Dimension_parameter>] 下的 [CAD Parameters]，弹出上下文菜单，选择 [Select CAD Parameters...]，如图 6-51 所示。

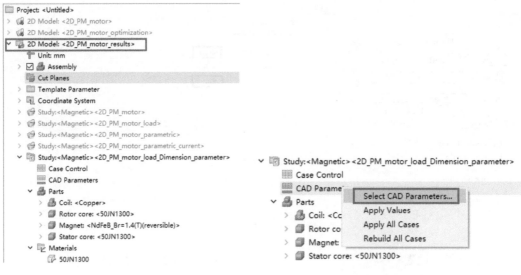

图 6-50　新模型文件　　　　　　　　　　图 6-51　选择 CAD 参数

12）弹出 [Select CAD Parameters] 对话框，可以看到在几何编辑器增加的变量 mag_H 被导入，选择该变量，单击 [OK] 按钮，如图 6-52 所示。

13）可以看到在 [CAD Parameters] 下面增加了 mag_H 变量，如图 6-53 所示。

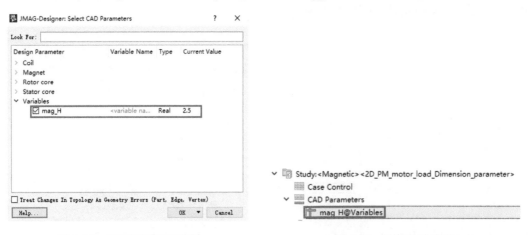

图 6-52　选择磁钢厚度变量　　　　　　　图 6-53　磁钢厚度变量

14）右键单击 [Case Control]，弹出上下文菜单，选择 [Show Cases...]，如图 6-54 所示。

15）弹出 [Design Table] 对话框，单击 Add Case 按钮，增加案例，然后修改 mag_H 的值，最后单击 [OK] 按钮，完成参数化设置，如图 6-55 所示。

16）再次单击 [Case Control]> [Show Cases...] 进入 [Design Table] 对话框，发现新生成的案例 Geometry 栏为黄色感叹号，说明新的参数值未被应用于案例，如图 6-56 所示。

图 6-54　选择 Show Cases

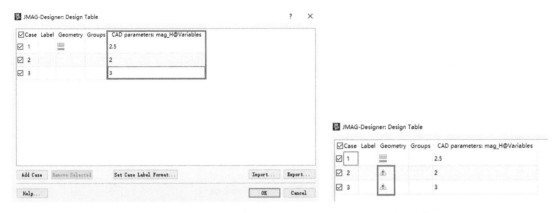

图 6-55 设置磁钢厚度值

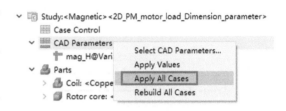

图 6-56 参数未应用提示

17）右键单击 [CAD Parameters]>[Apply All Cases]，将设置的变量值应用于所有案例，将可以消除黄色感叹号，如图 6-57 所示。请注意：不操作此步，也能够正常运行参数化。

18）可以通过工具栏的 [Cases] 控制条来切换 Case，从图 6-58 可以看出，不同 Case 对应的磁铁厚度是不一样的。

图 6-57 应用所有 Cases

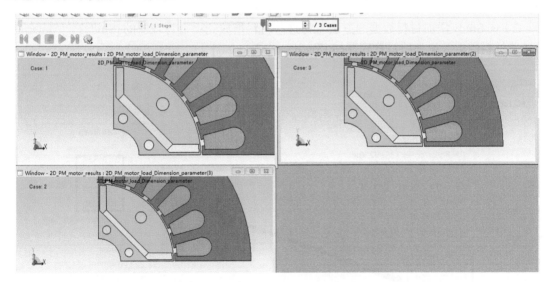

图 6-58 不同 Case 磁钢厚度对比

### 6.3.3 使用零件材料属性作为设计变量

这是参数化的另一种类型，如果在设计过程中，需要将零件的材料作为设计变量对比不同材料的产品特性时，请使用以下方法。

将材料数据注册到 [Bookmarks] 中用作设计变量的值，或者将其添加到项目管理器中 [Study] 下的 [Materials] 中。

1）将材料数据添加到 [Bookmarks] 的方法。

① 右键单击 [Toolbox] 中 [Materials] 选项卡下的材料数据，出现如图 6-59 所示的菜单。

② 选择 [Add to Bookmarks]，此材料数据将添加到 [Materials] 选项卡下的 [Bookmarks] 文件夹中，如图 6-60 所示。

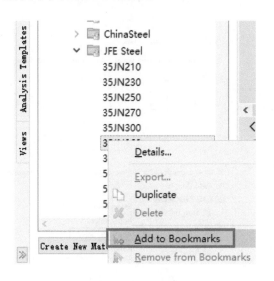
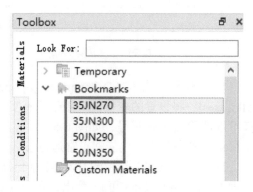

图 6-59　材料选项卡　　　　　　　　　　图 6-60　材料数据添加到 [Bookmarks]

2）向 Study 添加材料数据的方法。将这些材料拖放到项目管理器的 [Study] > [Materials] 下，此材料数据添加在项目管理器的 [Study] > [Materials] 下，如图 6-61 所示。

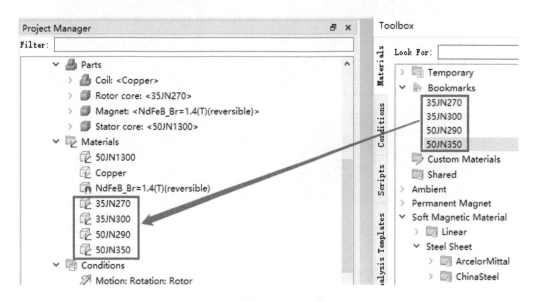

图 6-61　增加材料至材料列表

3）在 [Select Parameters] 对话框中选择要用作设计变量的各零件对应的材料，如图 6-62 所示。

图 6-62 选择材料

4）右键单击 [2DModel:<2D_PM_motor_results>] > [Study : <Magnetic> <2D_PM_motor_material_parametric>] 下的 [Case Control]，如图 6-63 所示，在弹出的上下文菜单中左键单击 [Create Cases...]。

5）如图 6-64 所示，在弹出的 [Generate Parametric Cases] 对话框中选择 [Type] 为 Selection，点击 [Edit...]。

6）单击 [Edit...] 后将弹出图 6-65 所示的 [Select Values] 对话框，此对话框将显示 [Bookmarks] 和 Study 树下 [Materials] 中的所有材料，读者可以根据参数化需求选择，然后单击 [OK] 按钮，再单击 [Generate Parametric Cases] 对话框中的 [Generate] 按钮。

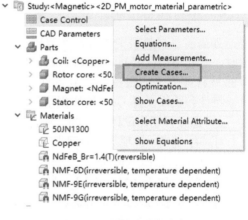

图 6-63 创建参数化案例

图 6-64 [Generate Parametric Cases] 对话框    图 6-65 参数选择 [Select Values] 对话框

7）弹出如图 6-66 所示的 [Design Table] 对话框，读者可以对创建的案例进行删除、增加等操作，如果确认没有问题，单击 [OK] 按钮，材料参数化创建完成。接下来读者可以运行分析，这里不再赘述操作步骤。

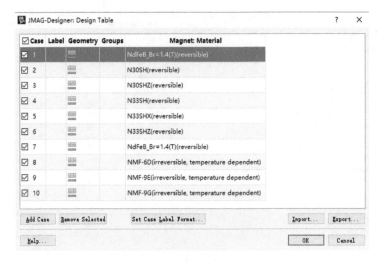

图 6-66　[Design Table] 对话框

### 6.3.4　将材料特性用作设计变量

如果需要将材料中的特性参数用作设计变量时，此处是指在 [Material Editor] 对话框中编辑的材料参数（如磁特性、电特性、热特性、机械特性和铁损设置），请使用以下过程：

1）选择可用作设计变量的材料特性参数。

① 右键单击项目管理器中 [Model]>[Study] 下的 [Case Control]。

② 单击 [Select Material Attribute...]，如图 6-67 所示，显示 [Select Material Attribute] 对话框。

③ 选中要用作设计变量的材料属性参数的

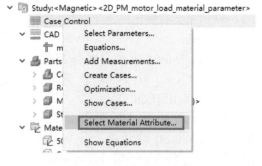

图 6-67　选择材料属性

复选框，如图 6-68 所示。由于内置材料的电、磁、结构等特性参数不能直接编辑，如果是材料库内置的材料，则需要复制一个材料，将复制后的材料赋予零件。

| Design Parameter | Type |
|---|---|
| > Magnetic Properties | |
| ∨ Electric Properties | |
| ☐ Electric:Cnd Subroutine | Flag |
| ☐ Electric:Conductivity type | Flag |
| ☐ Electric:Conductivity(Constant) | Real |
| ☐ Electric:Matrix:Permittivity E11 | Real |
| ☐ Electric:Matrix:Permittivity E22 | Real |
| ☐ Electric:Matrix:Permittivity E33 | Real |
| ☐ Electric:Permittivity type | Flag |
| ☐ Electric:Permittivity(Constant) Imaginary | Real |
| ☐ Electric:Permittivity(Constant) Real | Real |
| ☑ Electric:Resistivity | Real |
| ☐ Electric:Resistivity type | Flag |
| ☐ Electric:User subroutine (conusr) | Flag |
| ☐ Material:Electric properties type | Flag |

图 6-68　选择电阻率参数

④ 单击 [OK]，[Select Material Attribute] 对话框关闭。

2）在 [Select Parameters] 对话框中，选择在步骤 1）中选择的材料属性参数，如图 6-69 所示。

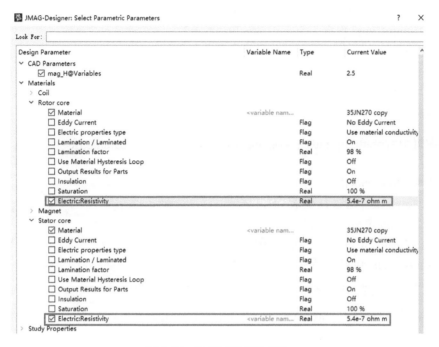

图 6-69　选择材料属性参数

3）在 Design Table 对话框中可以看到，定转子铁心的电阻率分别被设置为参数，如图 6-70 所示。

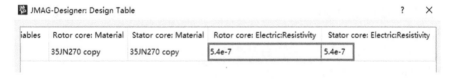

图 6-70　设计列表

## 6.4　参数化案例完整流程操作步骤

本案例是一个非常常见的寻找最佳 Beta 角的过程。通过将电流源的相位角进行参数化，快速计算多个不同的 Beta 角并进行对比，从而确定最佳 Beta 角。

以 JMAG19.1 版本为例，该案例文件位于：JMAG 安装路径 \JMAG-Designer19.1\sample\2dmotor。

### 6.4.1　复制第 4 章中模型的 Study

1）在 JMAG-Designer 的项目管理器中，右键单击 [Study：<2D_PM_motor_load>]。

显示菜单

2）单击 [Duplicate Study]。

[Duplicate Study] 对话框打开

3）在 [Title] 文本框中键入任何标题。

在此处输入" 2D_PM_motor_parametric"

4）将 [Study Type] 设置为 [Duplicate this Study]。

5）单击 [OK]。

[Duplicate Study] 对话框关闭

在树中的 [Study：<2D_PM_motor_load>] 下创建了一个新算例

## 6.4.2 改变条件

1）在树中右键单击 [Study：<Magnetic><2D_PM_motor_parametric>]。

显示菜单

2）选择 [Properties]。

[Study Properties] 对话框显示

3）在 [Study Properties] 对话框的 [Step
Control] 中设置如图 6-71 所示的值，单击 [OK]。

4）[Study Properties] 对话框关闭。

| Item | Parameter |
|---|---|
| Number of Steps | 33 |

图 6-71　步数设置

## 6.4.3 将参数设置为变量

1）右键单击 [Study：<Magnetic><2D_PM_motor_parametric>]> [Case Control]。

显示菜单

2）单击 [Equations]。

[Equations] 对话框打开

3）单击 [Add]。

[Edit Equation] 对话框打开

| Item | Parameter |
|---|---|
| Variable | Beta |
| Value | 0 |

4）设置图 6-72 所示的变量。

图 6-72　设置 Beta 变量

5）单击 [OK]。

[Edit Equation] 对话框关闭，创建的变量将添加到 [Equations] 对话框的第一行

6）单击 [OK]。

[Equations] 对话框关闭

7）在树中右键单击 [Study：<Magnetic><2D_PM_motor_parametric>]。

显示菜单

8）选择 [Edit Circuit]。

[Edit Circuit] 窗口打开

9）在电路创建窗口中双击三相电流源。

选择三相电流源组件，并在 [Properties] 选项卡中显示 [Three Phase Current Source] 设置

10）设置 U 相电角度，如图 6-73 所示。

11）单击 ✕ 按钮关闭 [Edit Circuit] 窗口。

[Edit Circuit] 窗口关闭

| Item | Parameter |
|---|---|
| U-Phase | Beta(deg) |

## 6.4.4 添加分析案例

图 6-73　设置 U 相电角度

1）右键单击 [Study：<Magnetic><2D_PM_motor_parametric>]> [Case Control]。

显示菜单

2）单击 [Create Cases]。

[Generate Parametric Cases] 对话框打开

3）单击 [Type] 下的 ▾，然后从列表中选择 [Divisions]。

4）单击 [Edit]。

[Edit Divided Range] 对话框打开

5）设置图 6-74 所示的值。

6）单击 [OK]。

[Edit Divided Range] 对话框关闭

7）单击 [Generate]。

[Generate Parametric Cases] 对话框关闭；同时，[Design Table] 对话框打开

8）在 [Design Table] 对话框中，验证是否已添加案例，如图 6-75 所示。

9）单击 [OK]。

[Design Table] 对话框关闭

| Item | Parameter |
|------|-----------|
| Start | 15 |
| End | 90 |
| Divisions | 5 |

图 6-74　划分设置

| Case | Beta |
|------|------|
| 1 | 0 |
| 2 | 15 |
| 3 | 30 |
| 4 | 45 |
| 5 | 60 |
| 6 | 75 |
| 7 | 90 |

图 6-75　Beta 参数设置

## 6.4.5 运行参数分析

1）在树中右键单击 [Study：<Magnetic> <2D_PM_motor_parametric>]。

显示菜单

2）选择 [Run All Cases]。

分析开始，显示 [Run Analysis] 对话框；分析完成后，将显示 [All Cases Messages] 对话框，并显示算例名称、网格信息以及结果文件和计算文件夹的路径；[Results] 显示在树中的 [Study] 下；[Graphs] 和 [Section] 显示在 [Results] 下

3）验证 [All Cases Messages] 对话框的内容，然后单击 [Close] 按钮。

[All Cases Messages] 对话框关闭

## 6.4.6 添加响应值

1）右键单击树中的 [Results] > [Graph]。

显示菜单

2）选择 [Show Table]。

显示 [Table Results] 对话框

3）确认显示了 [Torque] 选项卡，然后单击 [Response Data]。

显示 [Create Response Graph Data] 对话框

4）设置图 6-76 所示的值。

5）单击 [OK]。

[Create Response Graph Data] 对话框关闭；同时，将打开 [Response Graph Data Table] 对话框

6）单击 [Register as Response Data]。

| Item | Parameter |
|------|-----------|
| Calculation | Integral Average |
| Unit | Step |
| Use same value for all cases | Select |
| Start | 1 |
| End | 33 |

图 6-76　响应值设置

在 [Study] > [Results] > [Response Graph] > [Response Data] > [Torque] 下添加 [Torque]

7）单击 [Close]。

[Response Graph Data Table] 对话框关闭

8）单击 [Close]。

[Table Results] 对话框关闭

### 6.4.7　创建响应图

1）右键单击树中的 [Results] > [Response Graph] > [Graphs]。

显示菜单

2）选择 [Generate]。

[Response Graph] 对话框打开

3）在 [Response Graph] 设置面板中设置图 6-77 所示的值。

4）单击 [OK]。

[Response Graph] 对话框关闭，显示响应图，如图 6-78 所示

| Item | Parameter |
|---|---|
| X Axis | Beta |
| Y Axis | Torque |

图 6-77　响应图设置

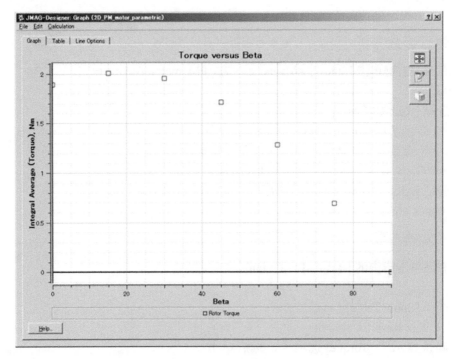

图 6-78　响应图

可以看到，本案例中 Beta 角为 15° 时，平均转矩最大。如有需要，也可以在 15° 周围再次进行参数化分析以寻找更为准确的转矩最大值和对应的 Beta 角。

机电产品设计包含结构场设计、电磁场设计、流体场设计和声场设计。因此，要使产品具有足够的竞争力，成为满足客户性价比的产品，就必须针对产品进行挖掘性的研究。

之前受限于计算机计算能力的限制，有限元分析技术很难在工程中获得大规模的应用。但随着超级计算机技术的不断发展，有限元技术可以快速、准确地指导产品的设计，尤其是先进优化计算方法的使用可以快速搜寻到高性价比的方案，使有限元的优化设计功能越来越受到重视。

要实现电磁场的优化设计，就必须要使用模型的参数化建模功能，同时要求工具有针对产品多目标参数寻优的功能；JMAG软件具有方便参数化建模的功能，也具有与外部优化软件连接的直接接口。

JMAG可以将参数化、优化算法、灵敏度分析和统计分析嵌入仿真中，用户可以将模型的几何尺寸、材料常数等参数设成变量，通过参数化扫描分析，研究几何形状与材料变化对产品性能的影响，从而优选最佳设计方案。本章将对JMAG内部的优化进行介绍及说明。

JMAG与外部优化软件的联合优化，可以使用更高级的优化算法以及更丰富的后处理功能。第7.4节将会以专业优化软件modeFRONTIER为例，介绍JMAG与modeFRONTIER的联合优化方法。

## 7.1 JMAG中永磁同步电机的优化分析流程

优化分析是在参数化分析基础上进行的，而参数化分析又是在普通的磁场分析基础上进行的。本章介绍的优化是建立在第4章"JMAG永磁同步电机仿真"和第6章"永磁同步电机参数化建模及仿真分析"的基础上，因此本章不再赘述磁场分析的条件、材料、网格等设置以及参数化分析的设置方法，相关设置读者可以参阅第4章和第6章的内容。

JMAG的优化分析主要包括确定输入参数和优化目标、模型几何约束创建、选择优化的输入参数和定义目标变量为响应值、设置设计变量值的范围和约束条件、初始代DOE产生方法选择、优化引擎选择和相关参数设置、输出文件位置设定、运行机器和方式设置、运行、输出结果和分析等步骤。

## 7.2 永磁同步电机优化分析的参数设置说明

本节以永磁同步电机为例，介绍如何在JMAG中实现电机优化，其流程如图7-1所示。

### 7.2.1 确定输入参数和优化目标

电机设计工程师在进行优化分析之前需要先选定作为参数分析的变量，而变量的选择往往是电机设计工程师根据工程设计的目的、优化的目标以及综合考虑工艺方式后选定的。比如，磁铁宽度、厚度以及夹角对转矩会产生影响。假设我们将它们作为优化输入参数，以求取电机总的转矩最大值，由于不同的几何形状将影响内嵌式永磁同步电机的电磁转矩和磁阻转矩，所以需要将电流相位角也作为优化分析的变量参数参与到优化分析中，这样才能使总转矩最大。因此，参数输入变量的选择是一个综合的过程。

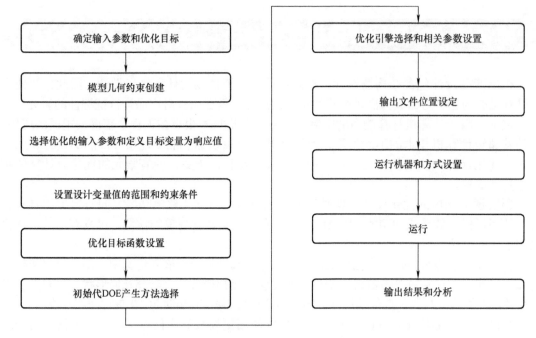

图 7-1    优化分析流程

## 7.2.2    模型几何约束创建

永磁同步电机模型几何的约束是优化分析
的重点和难点，这个步骤的主要目的是当我们
选择几何变量作为输入变量时（比如，磁铁的
宽度变化时），其他几何将会跟随变化。为了保
证几何不发生干涉，需要设定几何之间的约束。
JMAG 通过设置平行、垂直、夹角等 CAD 软件
的约束方式对尺寸进行约束，如图 7-2 所示，因
此易于实现工程参数化。这个过程与几何参数
化的操作一样，此处不再赘述。

## 7.2.3    选择优化的输入参数和定义目标变
量为响应值

当创建了几何模型约束后，将可以选择作
为输入变量的参数，包括几何参数、设计变量
参数（包括条件、电路、Study 属性等）、材料

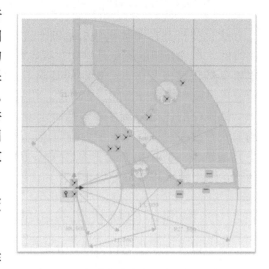

图 7-2    永磁同步电机几何约束示意图

参数、材料特性参数等，操作过程与第 6 章一样，此处不再赘述。

然后，创建优化目标变量的响应值，如转矩的平均值、线感应电动势的总谐波失真
（THD）、转矩脉动值、齿槽转矩的峰峰值、退磁率面积等。响应值的创建一般通过 JMAG
的后处理工具 Create Response Graph Data（图 7-3）或者表达式来实现，对于特殊的优化目
标响应值，还可以通过脚本来实现。

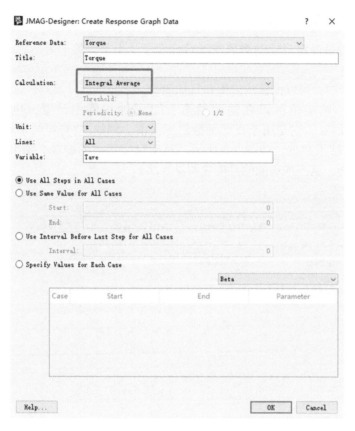

图 7-3　创建优化目标变量的响应值

### 7.2.4　设置设计变量值的范围和约束条件

进入 [Optimization] 对话框，设置输入参数变量的范围，它们决定了优化的设计空间，同时可以通过表达式限制参数可以获取的范围值。因此，用户可以根据需要设置约束条件。

右键单击项目管理器中 [Project]>[Model]>[Study] 下的 [Case Control]，然后选择 [Optimization]，出现 [Optimization] 对话框。

该参数表将显示 [Select Parametric Parameters] 对话框中选择的实值参数和从 [Equations] 对话框中添加的变量，具体如图 7-4 所示。选择优化的输入参数，并设置变量的范围，即 Min 值和 Max 值。

图 7-4　选择优化需要的输入变量

## 7.2.5 优化目标函数的设置

优化目标函数是设定目标的最值或者目标大于、小于、等于表达式，它决定了优化的方向。

在下列选项卡中，可以设置响应值和目标函数。

（1）响应值 响应值可以在前面的第 7.2.3 节的步骤中设置，也可以在 [Objective Functions] 选项卡设置。它是用于目标函数的标量值（例如，"转矩的平均值"和"焦耳损耗的最大值"）的结果数据，如图 7-5 所示。对于目标函数的编辑，有 [Add]、[Modify] 和 [Remove] 三项功能，这三项功能的具体说明见表 7-1。

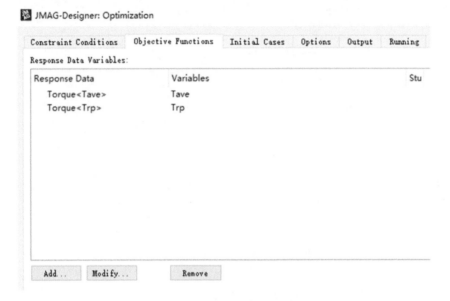

图 7-5　目标函数的标量值

表 7-1　目标函数的编辑功能

| 功　　能 | 说　　明 |
| --- | --- |
| [Add] | 创建新的响应值。单击此按钮后，将显示 [Create Response Graph Data] 对话框 |
| [Modify] | 编辑当前选择的响应值。单击此按钮后，将显示 [Create Response Graph Data] 对话框 |
| [Remove] | 删除当前选择的响应值 |

（2）目标函数 优化的目标（"响应值 A 为最小值""响应值 B 小于或等于 10"等）。设置目标函数时，请注意以下几点：

1）如果设置了权重，即使定义了两个或多个目标函数，软件将目标函数的加权线性的和作为单目标进行优化。在目标功能设置中，选择 [<=]、[> =] 或 [=] 作为约束条件。具体参照图 7-6 和表 7-2。

2）需要使用 [Maximize] 或 [Minimize] 设置至少一个目标函数。

3）此外，需要将一个或多个参数设置为大于零的范围。当目标函数的最大值和最小值相同时，参数值将根据优化函数固定。

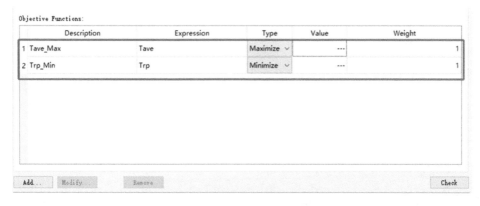

图 7-6 优化目标函数的设置图

表 7-2 目标函数设置表中参数 / 按钮的解释说明

| 参数 / 按钮 | 说 明 |
| --- | --- |
| [Weight] | 单击表的 [Weight] 列中的值，可以设置可选的权重<br>权重用于缩放目标函数，起到单目标优化中实现多个目标优化的效果<br>指定权重时，请注意目标函数值的大小。例如，如果 [Minimize] 有两个目标函数（$A$，$B$），并且每个目标函数都用 $W_a$、$W_b$ 的权重设置，则会将 "$W_a A + W_b B$" 的最小化作为优化目标<br>如果设置了 "$W_a = W_b = 1$"，当 $A$ 和 $B$ 的大小几乎相等时，则不会出现问题。但是在 $A$ 和 $B$ 的大小有很大不同的情况下，如 $A$ 的大小为 1，$B$ 的大小为 1000，则 $B$ 的优先级将比 $A$ 高 1000 倍。可以通过将 $W_b$ 从 "1" 更改为 "0.001" 来进行均等处理。请注意，权重仅适用于单目标优化，多目标优化时无须调整权重 |
| [Add] | 定义目标函数。单击此按钮将显示 [Edit Expression] 对话框 |
| [Modify] | 编辑选定的目标函数。单击此按钮将显示 [Edit Expression] 对话框<br>目标功能可以通过以下步骤进行编辑：右键单击项目管理器中 [Results] 下 [Response Data] 下显示的目标函数，然后单击 [Edit] |
| [Remove] | 删除所选的目标 |

## 7.2.6 初始代 DOE 产生方法选择

在此选项卡中自动生成优化初始案例时选择一种方法。现有案例也可以包含在优化计算中。

当使用 JMAG 提供的 [Quadratic Response Surface] 作为优化引擎时，请从图 7-7 中选择创建初始案例的方法。

（1）[Orthogonal Array] 正交表方法为软件的推荐设置。设计变量的级别都是相同的，级别为 3。

（2）[3-Level Matrix] 每个设计变量使用 3 个值。计算案例的数量为 $2N + 1$，其中 "$N$" 为设计变量的数量。

例如，对设计变量 "A" "B" 和 "C" 的上限和下限设置如下：

1) A：[2，4]。

2) B：[10，20]。

3) C：[1，2]。

在这种情况下，创建 7 个 Case，详见表 7-3。

| Constraint Conditions | Objective Functions | Initial Cases | Options | Output | Running |

Creation of Initial Cases
- ● Orthogonal Array
- ○ 3-Level Matrix
- ○ Use Only Existing Cases

Note: Matlab and Genetic Algorithm methods only support existing case selection for initial cases.

Existing Cases To Use:

| | Use | Beta | meters: DMAG@ | meters: DSLIT@ | ameters: SW@N |
|---|---|---|---|---|---|
| Case 1 | ☐ | 0 | 13 | 0.5 | 1 |
| Case 2 | ☐ | 0 | 12 | 0.5 | 1 |
| Case 3 | ☐ | 0 | 14 | 0.5 | 1 |
| Case 4 | ☐ | 0 | 12 | 0.5 | 1 |
| Case 5 | ☐ | 0 | 14 | 0.5 | 1 |
| Case 6 | ☐ | 0 | 13 | 0.1 | 1 |
| Case 7 | ☐ | 0 | 13 | 3 | 1 |
| Case 8 | ☐ | 0 | 13 | 0.5 | 0.5 |
| Case 9 | ☐ | 0 | 13 | 0.5 | 4 |

图 7-7  [Quadratic Response Surface] 方法创建案例

表 7-3  [3-Level Matrix] 下的 Case 说明

| Case | A | B | C | 说　明 |
|---|---|---|---|---|
| 1 | 3 | 15 | 1.5 | 所有变量均为中间值 |
| 2 | 2 | 15 | 1.5 | 变量 "A" 是下限值 |
| 3 | 3 | 10 | 1.5 | 变量 "B" 是下限值 |
| 4 | 3 | 15 | 1 | 变量 "C" 是下限值 |
| 5 | 4 | 15 | 1.5 | 变量 "A" 是上限值 |
| 6 | 3 | 20 | 1.5 | 变量 "B" 是上限值 |
| 7 | 3 | 15 | 2 | 变量 "C" 是上限值 |

（3）[Use Only Existing Cases]  预先执行参数分析时可以选择此项。将已经计算完成的 Case 作为初始 Case 使用。

（4）[Check] 选项卡  在 [Initial Cases] 选项卡中检查设置是否冲突。

## 7.2.7  优化引擎选择和相关参数设置

JMAG 的优化引擎有二次响应面、遗传算法、多目标遗传算法、拓扑优化中的遗传算法、拓扑优化中的多目标遗传算法、MATLAB 中的算法、用户自定义的优化引擎以及借用 modeFRONTIER\OPTIMUS\HEEDS 等第三方优化软件中的优化引擎。

（1）二次响应面  这是由于二次多项式而使用响应面的一种方法，支持单目标优化。如果是单峰解决方案，则可以在较短时间内获得解决方案。但是，当它是多模态解（不能用二次多项式近似）时，就有可能得不到正确的解。

（2）遗传算法  这是一个使用实数遗传算法的方法，支持单目标优化。当一个解决方案具有多峰性时，搜索解的能力将比 [ 二次响应面 ] 更有优势。但是，与选择 [ 二次响应面 ] 的情况相比，需要更长的计算时间。

（3）多目标遗传算法  这是使用实数 GA 的方法处理多目标优化。该方法最小化 / 最大化每个目标函数，比较它们的解并搜索帕累托最优解。这在运行优化时非常有效，其中要

最小化 / 最大化的每个目标函数都相互竞争。对于多目标遗传算法，具体参数描述见表 7-4。

表 7-4　多目标遗传算法下的参数描述

| 参　　数 | 描　　述 |
| --- | --- |
| Population Size | 种群的大小。推荐为：输入变量 × 输出变量 ×2 |
| Maximum Generations | 指定种群的代数<br>对于 $n$ 个设计变量，推荐为 $10n$ |
| Group Cases by Generation | • 选择：<br>每种情况的结果均按生成分组输出。这样，在验证优化计算结果时，就可以提取并关注每个子代的变化<br>在 [Prefix] 中输入要添加到每个组名开头的字符串。例如，如果在 [Prefix] 中输入"gen"，则每个组的名称将为"gen1""gen2"，依此类推<br>如果 [Prefix] 留空，则使用每一代的编号进行分组<br>• 不选择：<br>每种情况的结果均单独输出 |
| Apply Penalty to Error Cases | 选择是否将由于几何变化错误和网格生成错误而导致的没有分析结果的案例作为错误案例<br>• 选择：<br>错误案例的评估值将作为特殊值（Inf）处理。随着搜索的进行，错误案例将越来越难生成，也就是说更容易产生正确的 Case<br>• 不选择：<br>不对错误的 Case 做特殊的处理而执行后面的流程 |
| Do Not Add Unnecessary Cases Due to Geometry or Constraint Errors | 由于几何错误或者不满足约束的案例作为每一代的有效案例，也就是说如果选择该选项，软件在产生每一代有效案例前都进行几何检查和约束判定，先将不满足要求的案例排除，再产生案例，直至有效案例满足设置的每一代数量 |

## 7.2.8　输出文件位置设定

在 [Output File] 中输入包含 CSV 文件名的路径，则结果值将输出到该文件。优化中每代计算结束后都会输出计算结果到该文件，计算结果如图 7-8 所示。

| optimization | | | | | | | | | |
| --- | --- | --- | --- | --- | --- | --- | --- | --- | --- |
| Case | Group | Tave_Max | Trp_Min | Tave | Trp | Beta | CAD parameters: DMAG@Variables | CAD parameters: DSLIT@Variables | CAD parameters: SW@Variables |
| 1 | | 1.878628508 | 0.700840389 | 1.878628508 | 0.700840389 | 0 | 12.5 | 0.5 | 1 |
| 2 | | 1.573361114 | 0.849082368 | 1.573361114 | 0.849082368 | 0 | 14.75 | 2.25 | 2.5 |
| 3 | | 1.118415623 | 0.455228125 | 1.118415623 | 0.455228125 | 0 | 17 | 4 | 4 |

图 7-8　输出文件位置

## 7.2.9　运行机器和方式设置

（1）[Analysis Jobs]　在 [Analysis Jobs] 中，指定用于计算的计算机。

（2）[Machine（Server）]

1）当直接使用创建模型或数据的计算机来运行计算时，请选择 [Run Locally]。

2）对于远程计算，请选择控制服务器名称、远程计算机名称或 SSH 远程计算机名称。

（3）[CPU Group]　从 [Machine（Server）] 中选择 JMAG 远程系统控制服务器的名称时，[CPU Group] 下拉菜单变为可用，将列出由控制服务器识别的所有 CPU 组。从该列表中选择将用于计算的 CPU 组。

（4）[Job Type]

1）[Submit as individual JCF files]：当选择 [Submit as individual JCF files] 时，每个检查的输入文件（*.jcf）被发送到将运行计算的计算机。计算机将使用该文件运行计算。

2）[Submit as project file（JPROJ）]：选择 [Submit as project file（JPROJ）] 时，将按作业划分的项目文件（*jproj）发送到将运行计算的计算机。执行计算的计算机在 JMAG-Designer 中打开这些文件，生成输入文件（*jcf）并执行计算。具体如图 7-9 所示。

当对多个案例（包括几何编辑和 JCF 文件输出等前 / 后处理操作）运行分析时，可以通过选择 [Submit as project file（JPROJ）] 作为 [Job Type] 进行分布式处理来执行前 / 后处理操作和运行分析，并且进行以下设置。

✓ [Independent Jobs] 旋转框：

指定将所有案例划分为作业的数量。例如，当 Study 1 有 10 个案例，Study 2 有 2 个案例，并且 [Independent Jobs] 设置为 3 时，案例将被划分为以下情况：

作业 1：Study 1 的案例 1~4。

作业 2：Study 1 的案例 5~8。

作业 3：Study 1 的案例 9~10 和 Study 2 的案例 1~2。

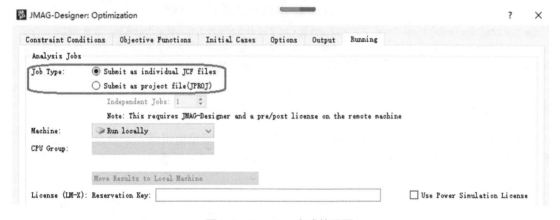

图 7-9　Running 方式的设置

## 7.2.10　运行

在 [Running] 选项卡的 [Optimization Controller] 下选择 [Run in Foreground] 时，将显示 [Run] 按钮。

## 7.2.11　输出结果和分析

（1）响应数据显示　通过右键单击树中的 [Results] > [Response Graph] > [Response Data]，选择 [View Response Table]，一个 [Response Table] 对话框将打开，如图 7-10 所示。从中可以查看每个计算的目标和输入变量的结果数据，并且可以通过 [Export All Results…] 按钮将结果导出。

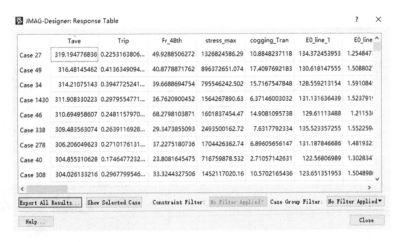

图 7-10　[Response Table] 查看与结果数据导出

（2）响应图显示　通过右键单击树中的 [Results] > [Response Graph] >[Graphs]，选择 [Generate] 可以设置两个变量之间的散点图（图 7-11），并且可以显示帕累托前沿，如图 7-11 中红色线所示。

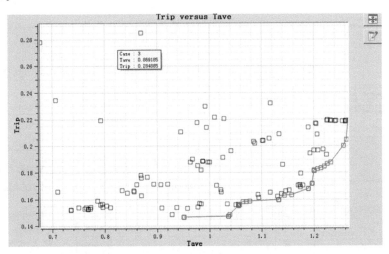

图 7-11　响应结果图显示

（3）散点矩阵图的显示　通过右键单击树中的 [Results] > [Response Graph] > [Response Data] 选择 [View Correlation...] 显示相关矩阵，如图 7-12 所示。可以通过结果图查看参数与设计目标间关系，找出相关因子。

（4）目标变量响应图显示　通过右键单击树中的 [Results] > [Response Graph] > [Response Data] 选 择 [View Response Graph]，[Response Surface] 对 话 框 显示，在 [Select Cases] 选项卡中，选中案例复选框以创建响应面。此外，可以选择图形插值方法。当选择了在 [Select Cases] 选项卡上显示响应面图所需的多个案例时，将激活 [Response Graphs] 选项卡。当参数类型选择 [Response versus Parameter] 时，可以显示所有目标变量和选定输入参数的关系曲线，同时可以通过改变图 7-13 所示的左下方滑动条来改变其他变量的值，以此查看曲线随该变量的变化关系。

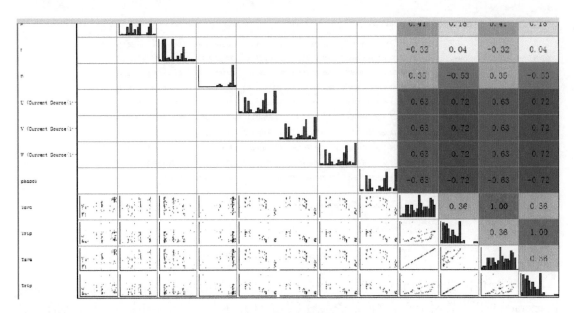

图 7-12　散点矩阵图显示

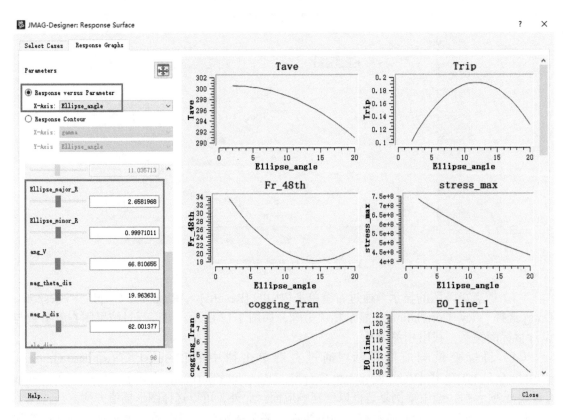

图 7-13　所有目标变量和选定输入参数的关系曲线图

当参数类型选择 [Response Contour] 时，可以查看选定的 2 个变量和目标变量的二维云图，结果如图 7-14 所示。

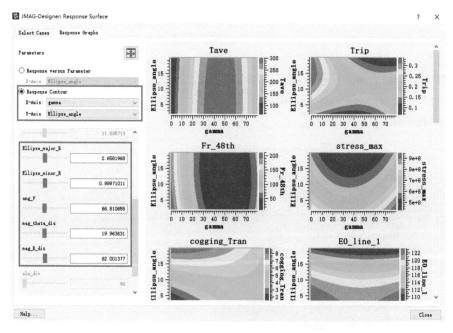

图 7-14　输入变量与目标变量的二维云图

## 7.3　永磁同步电机优化案例分析

本案例将介绍更改电机形状，实现转矩脉动最小化、平均转矩最大化的优化仿真。本小节的操作是接续 6.4 节"参数化案例完整流程操作步骤"进行的。

以 JMAG19.1 版本为例，该案例文件位于：JMAG 安装路径 \JMAG-Designer19.1\sample\2dmotor。

### 7.3.1　将参数设置为变量

1）右键单击几何编辑器中的 [Assembly]。

显示菜单

2）单击 [Equations]。

[Equations] 对话框打开

3）单击 [Add]。

[Edit Equation] 对话框打开

4）进行参数设置，如图 7-15 所示。

5）单击 [OK]。

关闭 [Edit Equation] 对话框，创建的变量将添加到 [Equations] 对话框的第一行

6）以相同的方式创建图 7-16 所示的 2 个变量。

7）单击 [OK]。

[Equations] 对话框关闭

| Item | Parameter |
| --- | --- |
| Variable | SW |
| Value | 1 |

图 7-15　参数设置

| | Item | Parameter |
| --- | --- | --- |
| Line 2 | Variable | DMAG |
| | Value | 13 |
| Line 3 | Variable | DSLIT |
| | Value | 0.5 |

图 7-16　剩余的变量

149

8）在树中选择 [Stator core]，然后单击 [Edit 2DSketch] 工具栏按钮 。

网格显示在图形窗口中。此外，还会显示 ，表示树中 [Assembly] 下的 [Stator core] 正在被编辑

9）双击图 7-17 所示的距离约束。

[Model Manager] 切换到 [Control] 选项卡，并显示 [Distance] 设置面板

10）设置如图 7-18 所示的值。

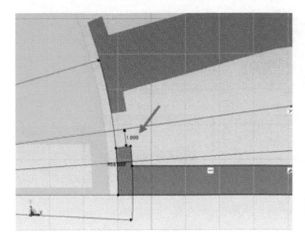

| Item | Parameter |
|---|---|
| Distance | SW/2 |

图 7-17　距离约束　　　　　　　　　　　　图 7-18　距离参数设置

11）单击 [OK]。

[Distance] 设置面板关闭

12）单击 [End Sketch] 工具栏按钮 ，完成编辑草图。

图形窗口的网格被隐藏。同样， 标记从树中 [Assembly] 下的 [Stator core] 中消失

13）在树中选择 [Rotor core]，然后单击 [Edit 2DSketch] 工具栏按钮 。

网格显示在图形窗口中。此外，还会显示 ，指示树中 [Assembly] 下的 [Rotor core]

14）以同样的方式在图 7-19 中设置图 7-20 所示的半径 / 直径约束设置值。

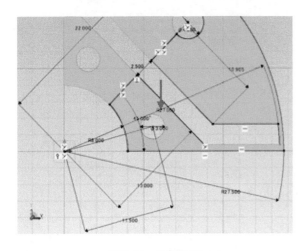

| Item | Parameter |
|---|---|
| Radius | 27.5-DSLIT |

图 7-19　半径约束　　　　　　　　　　　　图 7-20　半径约束值

15）以同样的方式，按图 7-21 和图 7-22 所示的距离约束进行设置。

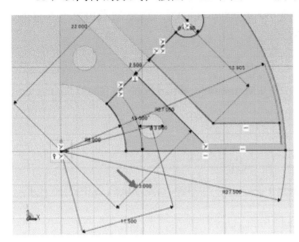

图 7-21 距离约束

| Item | Parameter |
| --- | --- |
| Distance | DMAG |

图 7-22 距离约束设定值

16）单击 [End Sketch] 工具栏按钮，完成编辑草图。

图形窗口的网格被隐藏。同样，该标记从树中 [Assembly] 下的 [Rotor core] 中消失

## 7.3.2 更新模型

1）单击 [ 返回 JMAG-Designer] 工具栏按钮。

出现 [Back To JMAG-Designer] 对话框

2）单击 [Update Model]。

更改的几何将导入图形窗口，在树中创建了将变量添加到约束的新 2D 模型

3）右键单击新创建的 2D 模型，然后选择 [Properties]。

显示 [Model Properties] 对话框

4）在 [Model Title] 文本框中输入一个任意名称。

在此步骤中键入 "2D_PM_motor_optimization"

5）单击 [OK]。

[Model Properties] 对话框关闭

树中的 [Model] 名称将更改为 [Model Properties] 对话框的 [Model Title] 文本框中输入的名称

## 7.3.3 复制模型

1）右键单击树中的 [2D Model: <2D_PM_motor_optimization>] > [Study<Magnetic><2D_PM_motor_parametric>]。

显示菜单

2）选择 [Duplicate Study]。

显示 [Duplicate Study] 对话框

3）设置如图 7-23 所示的值。

4）单击 [OK]。

| Item | Parameter |
| --- | --- |
| Title | 2D_PM_motor_optimization |
| Study type | Duplicate this Study |
| Cases to Duplicate | Selected Cases |
| Selected Cases | 1 |

图 7-23 Study 设定值

[Duplicate Study] 对话框关闭

树中仅复制了 [Study: <Magnetic><2D_PM_motor_optimization>]，这是对 [Study: <Magnetic><2D_PM_motor_parametric>] 的第一种情况的研究。

### 7.3.4 指定设计变量

1）在树中右键单击 [Study：<Magnetic><2D_PM_motor_optimization>] > [CAD Parameters]。
显示菜单

2）单击 [Select CAD Parameters]。
[Select CAD Parameters] 对话框打开

3）选择 [Variables] > "DMAG" "DSLIT" 和 "SW"。

4）单击 [OK（Open Parametric Parameters）] 按钮旁边的 ▾，然后从列表中选择 [OK]。
[Select CAD Parameters] 对话框关闭

### 7.3.5 注册响应值

1）右键单击树中的 [Study：<Magnetic><2D_PM_motor_optimization>]> [Result Items]> [Graphs]。
显示菜单

2）在 [Magnetic Analysis] 下选择 [Torque]。
显示 [Create Response Graph Data] 对话框

3）设置如图 7-24 所示的值。

4）单击 [OK]。
[Create Response Graph Data] 对话框关闭

[Torque <Tave>] 被添加到树中的 [Study：<Magnetic><2D_PM_motor_optimization>]> [Result Items]> [Response Graph]> [Response Data] 中

5）以相同方式设置图 7-25 所示注册值的响应值。

6）单击 [OK]。
[Create Response Graph Data] 对话框关闭

[Torque < Trp>] 添加到树中的 [Study：<Magnetic> <2D_PM_motor_optimization>] > [Result Items] > [Response Graph]> [Response Data] 中

### 7.3.6 设置约束条件

1）右键单击树中的 [Study：<Magnetic>< 2D_PM_motor_optimization>] > [Case Control]。
显示菜单

2）选择 [Optimization]。
显示 [Optimization] 对话框

3）确认显示了 [Constraint Conditions] 选项卡，双击 [Max] 列的第一行，然后输入 "90"。以相同的方式按图 7-26 所示的值设置其他参

| Item | Parameter |
| --- | --- |
| Calculation | Integral Average |
| Variable | Tave |

图 7-24 设定平均转矩

| Item | Parameter |
| --- | --- |
| Calculation | Range |
| Variable | Trp |

图 7-25 设定转矩脉动

| Parameter | Min | Max |
| --- | --- | --- |
| Value Variable | 0 | 90 |
| CAD parameters: DMAG@Variables | 12.5 | 17 |
| CAD parameters: DSLIT@Variables | 0.5 | 4 |
| CAD parameters: SW@Variables | 1 | 4 |

图 7-26 设定优化变量的范围

数值。

### 7.3.7　设定目标函数

1）单击 [Objective Functions] 选项卡。

2）单击 [Add]。

[Edit Expression] 对话框打开

3）设置图 7-27 中的值。

4）单击 [OK]。

[Edit Expression] 对话框关闭

5）以同样的方式，设置图 7-28 中的值的目标函数。

### 7.3.8　设置优化引擎

1）单击 [Options] 选项卡。

2）设置图 7-29 中的值。

### 7.3.9　运行优化分析

优化分析需要时间，对于此分析，使用具有 Xeon / 3.00GH CPU 的计算机，大约需要 4~5 个小时。

1）单击 [Optimization] 对话框的 [Run] 按钮。

分析开始，并显示 [Optimization] 和 [Run Analysis] 对话框

分析完成后将显示 [Messages] 对话框，显示优化收敛信息、目标函数最佳值、执行案例数和最佳案例 ID

创建的案例将添加到案例控件工具栏中

2）确认 [Messages] 对话框的内容，然后单击 [Close] 按钮。

[Messages] 对话框关闭

### 7.3.10　显示结果

1）右键单击树中的 [Results] > [Response Graph] > [Graphs]。

显示菜单

2）选择 [Generate]。

显示 [Response Graph] 对话框

3）从 [X 轴 ] 下拉菜单中选择 [Trp_Min]。

4）从 [Y 轴 ] 下拉菜单中选择 [Tave_Max]。

5）单击 [Calculate Pareto Curve] 复选框。

6）单击 [OK]。

[Response Graph] 对话框关闭，并显示图 7-30 所示的响应结果图

因为在优化分析中使用了随机数，所以要创建的案例和要获得的响应值并不完全匹配

7）作为优化分析结果的示例，右键单击帕累托曲线中心附近任何地方的黑色标记（或红色标记），如图 7-31 所示。

| Item | Parameter | |
|------|-----------|---|
| Description | Tave_Max | |
| Expression | Tave | Maximize |

图 7-27　设定转矩最大为目标

| Item | Parameter | |
|------|-----------|---|
| Description | Trp_Min | |
| Expression | Trp | Minimize |

图 7-28　设定转矩脉动最小为目标

| Item | Parameter |
|------|-----------|
| Optimization Engine | Multi-objective Genetic Algorithm |
| Number of Generations | 20 |
| Population Size | 20 |

图 7-29　设定优化算法

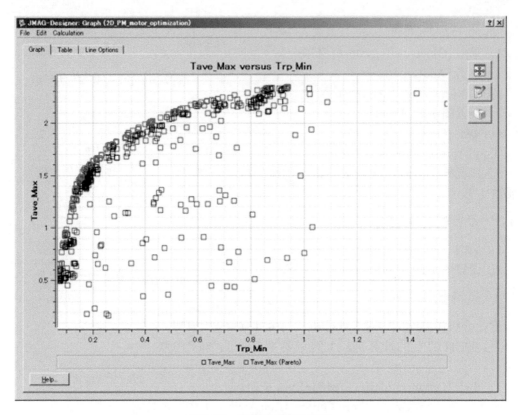

图 7-30　案例的响应结果图

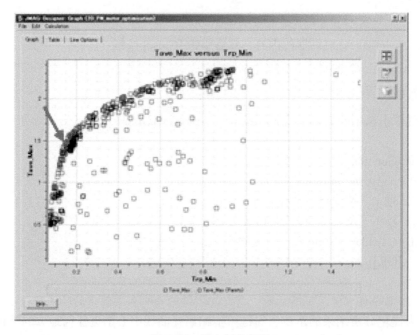

图 7-31　单击黑色标记

8）选择 [Show Selected Case]，如图 7-32 所示。

*选择此选项后，所选案例的几何图形将显示在图形窗口中*

9）返回图形窗口，并验证所选案例的几何形状是否与初始案例的几何形状有所变化。从优化分析结果显示任意案例时，模型之间的几何形状会产生变化。

10）单击 [Close] 按钮×。

*[Graph] 对话框关闭*

11）从菜单栏中选择 [File] > [Save]。

*STEP1 中保存的 JMAG 项目文件（ ＊.jproj）被覆盖*

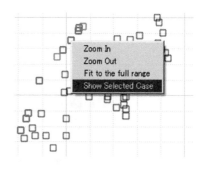

图 7-32　选择 [Show Selected Case]

## 7.4　JMAG 与 modeFRONTIER 的联合优化仿真流程

### 7.4.1　modeFRONTIER 简介

modeFRONTIER 是由意大利 ESTECO 公司开发的一款通用的多目标及多学科的优化软件，同时可以实现与诸多第三方仿真工具的无缝集成，以此来完成设计仿真流程的自动化以及设计决策的分析。早在 1999 年，该软件就已经发行商用的第一代版本，历经多年的版本迭代拥有了大量 CAD、CAE 软件的接口，并且在汽车、航空航天、电气电子等行业中都有着大量的优质用户。

modeFRONTIER 搭配 JMAG 的电机自动优化组合，已经成熟地嵌入日本的日常设计流程中。其主要原因是 modeFRONTIER 作为一款优化软件，拥有大量的优化算法，可以覆盖到各种优化问题，实现高效地寻优。而且，通过软件强大的数据挖掘功能将优化后的大量数据转换成设计者的知识及经验，可以为后续产品开发奠定基础。同时，JMAG 作为一款电磁场仿真软件，精确、高速的计算为优化的精度及速度提供了保障。

### 7.4.2　JMAG 与 modeFRONTIER 联合仿真流程介绍

JMAG 与 modeFRONTIER 的联合优化可以通过 modeFRONTIER 中的直接接口进行，如图 7-33 所示。modeFRONTIER 通过 DOE/ 优化算法生成一组或多组输入变量，通过接口输入 JMAG 中去。JMAG 根据输入值进行形状、参数的变更，并进行计算。计算后将结果通过接口传回至 modeFRONTIER 中，modeFRONTIER 即可对计算结果进行分析，并且根据算法得出下一批新的输入变量，此后循环往复直至优化结束。

由于是直接接口，整个操作流程也非常简便。如图 7-34 所示，仅需 4 步即可实施优化。

1）准备阶段——在 JMAG 中设定好参数化变量及优化目标。

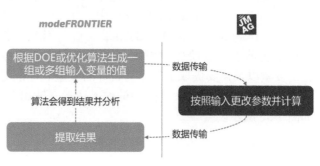

图 7-33　modeFRONTIER 与 JMAG 联合优化方式

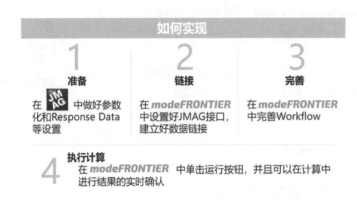

图 7-34 modeFRONTIER 与 JMAG 的联合优化实现方法

2）链接阶段——在 modeFRONTIER 中设定接口链接 JMAG 数据，软件会自动生成优化流程。

3）完善阶段——在 modeFRONTIER 中完善优化流程（Workflow）。

4）执行计算阶段——在 modeFRONTIER 中执行优化即可。

由于篇幅限制，本书仅以 modeFRONTIER 2019R3、JMAG 19.0 版本为例来介绍如何搭建电机的自动优化流程。对于 modeFRONTIER 而言，在 2018R1 版本发布时，原厂将整个软件的界面进行了大改。值得一提的是除了布局以外，当时花费了很多时间对色调、配色等部分进行大量研究，使用了更"护眼"的颜色。此外，本书虽以 2019R3 为例，但是流程对于 2018R1 以后的版本均适用。因此，针对第一次接触该软件并准备开始学习的读者，我们推荐使用 2018R1 版本之后的软件。而对于 JMAG 的版本，原则上我们推荐越新越好，因为 JMAG 作为优化流程中的求解器，更新的版本可以带来更快的计算速度以及更多的功能。不过，JMAG 接口从很早之前的版本开始就已经预装在 modeFRONTIER 之中了。

### 7.4.3 JMAG 参数化模型介绍

本章中，我们会以第 5 章参数化建模的模型为例，进行与 modeFRONTIER 的联合仿真。参数化模型及变量如图 7-35 所示，其中变量为磁钢至圆心的距离 DMAG、转子隔磁磁桥距离 DSLIT 及定子槽口宽度 SW。

优化目标设定为转矩平均值 Tavg 和转矩脉动的峰峰值 Trip。在 modeFRONTIER 中，可以直接提取 JMAG 中作为 Response Data 的结果变量。因此，通常我们会提前在准备阶段中设定好 JMAG 中作为参数优化的变量以及需要提取出来作为目标的变量。他们分别对应了 modeFRONTIER 优化中的输入变量及输出变量，如图 7-36 所示。

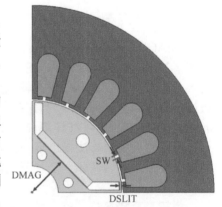

图 7-35 参数化模型及变量

### 7.4.4 modeFRONTIER 界面简介

modeFRONTIER 的主界面如图 7-37 所示，主要分为菜单栏、Workflow 主界面、节点库及概要表。

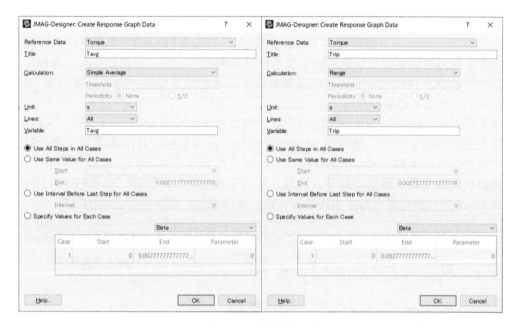

图 7-36　案例优化目标

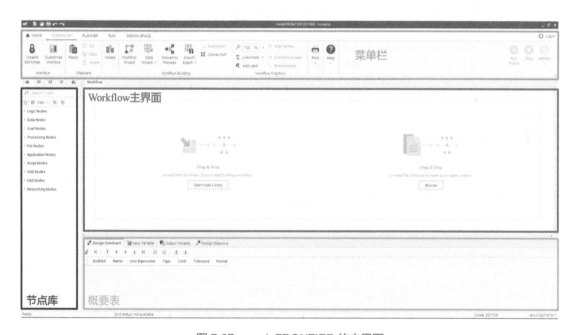

图 7-37　modeFRONTIER 的主界面

　　菜单栏集合了软件的各项功能菜单，内部有 HOME、WORKFLOW、PLANNER、RUN 及 DESIGN SPACE 这 5 个部分。其中，HOME 选项卡内主要为软件的设定等功能；WORKFLOW 选项卡对应了优化前的准备工作，主要是搭建 Workflow（工作流）；PLANNER 是将 Workflow 转换成步骤流程一步一步地进行设定，是另一种搭建 Workflow 的方式；RUN 是优化进行时显示中间结果的界面，也可将中间结果作图；DESIGN SPACE 是优化完成后显示计算最终结果的界面，可以进行数据显示及数据挖掘等工作。

Workflow 主界面是软件最主要的一个界面,它可以连接各个节点设定数据流和操作流程从而搭建 Workflow。数据流代表了数据的传递,在 modeFRONTIER 中默认以虚线显示。通过查看数据流可以判断数据是从哪个节点传递到哪个节点的。操作流代表了操作的顺序,在软件中默认以实线显示。通过其可以查看各个节点的操作顺序,先进行哪个节点的计算后进行哪个节点的处理都能看得一清二楚。

节点库是 modeFRONTIER 中 Workflow 上可以被加载的各个节点的总和。用户可以在节点库中选择需要的节点,拖拽至 Workflow 界面上进行连接。其中最主要的是 CAE/CAD 节点,通常也可以被称为 CAE/CAD 接口。常用节点如图 7-38 所示,通过这些节点可以写入、读出软件的变量及数据。此外,针对一些没有直接接口的软件,modeFRONTIER 也可以通过 Batch 后台执行配合脚本实现数据传递。总体来说,该软件的泛用性很高。

图 7-38　modeFRONTIER 中的常用节点

概要表是一个便捷窗口,它可以看到 Workflow 界面中设定好的一些条件,同时也可以对其进行更改,是一个包含了设定总结及快捷设置的功能表。

### 7.4.5　modeFRONTIER 设定介绍

在 modeFRONTIER 中的操作步骤如下:

1. 拖拽节点

拖拽 JMAG 节点到 Workflow 中,如图 7-39 所示。

图 7-39　拖拽 JMAG 节点至 Workflow 界面

## 2. 配置 JMAG 节点

在 JMAG 节点的设置中，我们需要先设定 JMAG 的可执行程序，如图 7-40 所示。此处需要强调的是，当计算环境中存在多个 JMAG 版本时，需要我们指定某个版本的 JMAG 作为求解器。否则，用户可能会使用低版本的 JMAG 打开高版本的 JMAG 文件，从而导致报错。而此处的 [ ②指定 JMAG 的可执行程序 ] 这一步操作是指定 [Edit JMAG model] 按钮所启动的 JMAG 程序，并非优化过程中所使用的 JMAG 程序。这二者的版本可以是不一致的。

通过 [Test JMAG Configuration] 可以看到优化过程中调用的 JMAG 版本，如图 7-41 所示，保证其与预期相符是我们进行优化的前提。

图 7-40　设定 JMAG 的可执行程序

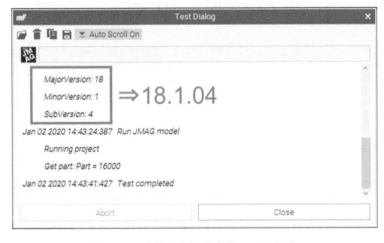

图 7-41　确认优化过程中的 JMAG 版本

当我们发现 [Test JMAG Configuration] 出现的结果与预期不符，需要更改优化中的 JMAG 版本时，则需要切换至所需版本的 JMAG 安装目录，默认情况下为 "C:\Program Files\JMAG-DesignerXX.X"。在该目录下寻找 [VBLink.bat] 批处理文件并执行，之后再进行 [Test JMAG Configuration] 即可确认版本已更改。该批处理文件的作用是更改注册表，切换调用的 JMAG 版本。

之后，导入需要进行优化的 JMAG 文件，如图 7-42 所示。单击文件夹图标选择文件，之后单击 [Parameter Chooser]，即可进行参数关联。

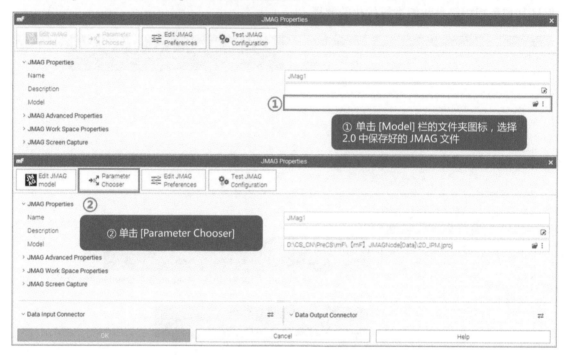

图 7-42　导入需要进行优化的 JMAG 文件

### 3. 设置 JMAG 参数关联

出现图 7-43 所示的窗口后便可读取 JMAG 文件内的数据，待其读取完毕即可进行参数关联。

图 7-43　参数读取中

关联输入参数的流程如图 7-44 所示，需要先选择输入数据，如 CAD 形状、电流幅值等参数，将其选中拖拽至右侧。

图 7-44　关联输入参数

再选择输出参数，拖拽至图 7-45 所示的右侧。输出参数有几何尺寸、JMAG 中的 Response Data 等计算结果数据。

图 7-45　关联输出参数

按照图 7-46 所示的关系，进行 3 个输入参数和 2 个输出参数的关联。为了方便后期使用，都进行了重命名。

输入参数:

📄 CAD parameters: DMAG@Variables ←————————————————————————→ 🏷 DMAG
📄 CAD parameters: DSLiT@Variables ←————————————————————————→ 🏷 DSLIT
📄 CAD parameters: SW@Variables ←————————————————————————→ 🏷 SW

输出参数:

📄 Response Data:Tavg:Rotor Torque ←————————————————————————→ 🏷 Tavg
📄 Response Data:Trip:Rotor Torque ←————————————————————————→ 🏷 Trip

图 7-46　关联的输入 / 输出参数

4. 设定输入变量

参数关联完成后，会自动生成简易的 Workflow，如图 7-47 所示。其中包含了连接的输入参数及输出参数以及大的框架（SchedulingStart、JMAG 节点以及 Exit 节点）。

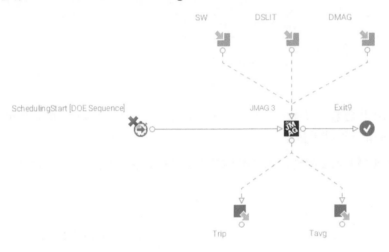

图 7-47　自动生成的 Workflow

之后我们需要手动设置输入变量的范围，告诉软件设计空间是多少。双击各个输入节点，弹出如图 7-48 所示的设置界面。设定 [Lower Bound]、[Upper Bound] 和 [Step]，分别是该参数的最小值、最大值以及取值的间隔。以图 7-48 为例，参数 "MagnetL" 的最大值为 25，最小值为 10，间隔为 1。也就是说，软件在生成形状时会从 [10，11，12，13，14，15…，24，25] 中选择一个值设定为 "MagnetL" 的值。这一步与 JMAG 中的优化稍有不同，JMAG 并不需要我们设定间隔，软件会自动分配合适的间隔。相比 JMAG 而言，modeFRONTIER 拥有更大的自由度，用户可以根据自身的情况，设定参数的取值范围。比如说间隔设宽一点，导致参数可选的数值更少，整个优化的速度就会更快；又或者设细一些，导致参数可选的数值更多，可以优化得更细致。

按照图 7-49 所示的值对 3 个输入变量（磁钢至圆心的距离 DMAG、转子隔磁磁桥距离 DSLIT 及定子槽口宽度 SW）进行设定。

5. 设置优化目标

设定优化目标的方法如图 7-50 所示，从节点库中拖拽连线即可。

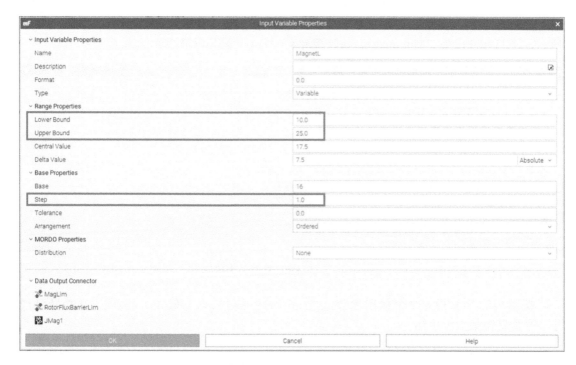

图 7-48　输入参数的设定

| | Name | Type | Lower Bound | Upper Bound | Central Value | Delta Value | Base | Step |
|---|---|---|---|---|---|---|---|---|
| 1 | SW | Variable | 1.0 | 4.0 | 2.5 | 1.5 | 31 | 0.1 |
| 2 | DSLIT | Variable | 0.5 | 4.0 | 2.25 | 1.75 | 36 | 0.1 |
| 3 | DMAG | Variable | 12.5 | 17.0 | 14.75 | 2.25 | 46 | 0.1 |

图 7-49　输入参数的设定结果

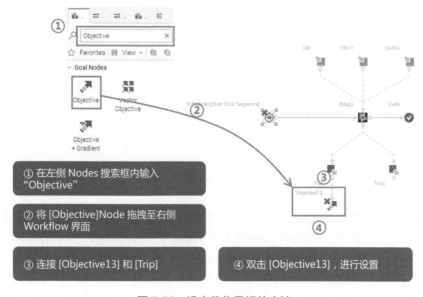

① 在左侧 Nodes 搜索框内输入 "Objective"

② 将 [Objective]Node 拖拽至右侧 Workflow 界面

③ 连接 [Objective13] 和 [Trip]

④ 双击 [Objective13]，进行设置

图 7-50　设定优化目标的方法

之后设定 [Obejective13] 的属性，为了方便后期修改，重命名为"MinTrip"。如图 7-51 所示，将 [Type] 设为"Minimize"，将转矩脉动"Trip"设为以最小为目标。

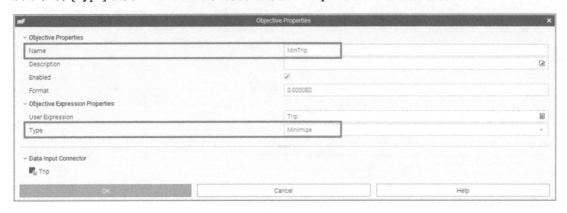

图 7-51　设定转矩脉动最小为目标

按图 7-52 所示设定 2 个输出参数（"Trip"最小和"Tavg"最大），实现以转矩脉动最小、平均转矩最大为目标。

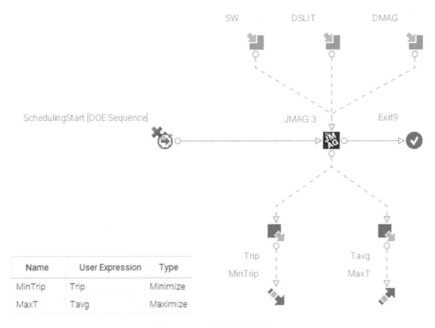

| Name | User Expression | Type |
| --- | --- | --- |
| MinTrip | Trip | Minimize |
| MaxT | Tavg | Maximize |

图 7-52　设定优化目标

6. 设置约束条件

约束条件可以帮助用户在优化中避开一些不希望出现的情况，比如，本案例中我们设置的约束条件可以过滤掉一些转矩脉动过大的形状。此外，modeFRONTIER 的算法可以通过计算结果与约束条件的对比进行学习，从而设计出更多满足约束条件的形状。因此，约束条件对于整个优化流程来说极为重要。首先，按照图 7-53 所示的方法找到约束条件的节点。

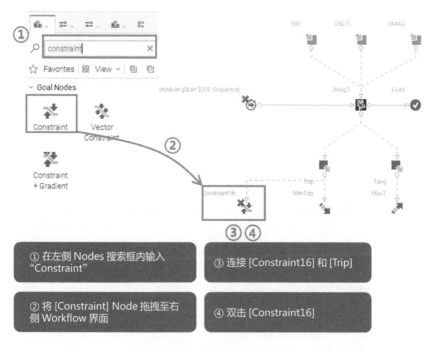

图 7-53　设定约束条件的方法

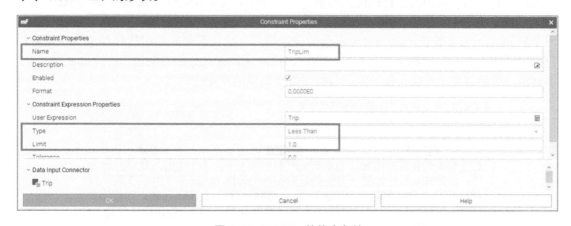

① 在左侧 Nodes 搜索框内输入 "Constraint"

② 将 [Constraint] Node 拖拽至右侧 Workflow 界面

③ 连接 [Constraint16] 和 [Trip]

④ 双击 [Constraint16]

双击 [Constraint16]，同样为了方便后期修改，将其重命名为 "TripLim"。将 [Type] 设为 "Less Than"，[Limit] 设为 "1.0"，对转矩脉动 "Trip" 设置限制要小于 1.0N·m。设置完成后，界面如图 7-54 所示。这样一来，软件在算到转矩脉动大于 1.0N·m 时，便会知道这是不满足约束条件的。通过反复学习后，就会逐渐生成更多的满足约束条件（转矩脉动小于 1.0N·m）的形状。

| Constraint Properties | | |
| --- | --- | --- |
| ⌄ Constraint Properties | | |
| Name | TripLim | |
| Description | | |
| Enabled | ✓ | |
| Format | 0.0000E0 | |
| ⌄ Constraint Expression Properties | | |
| User Expression | Trip | |
| Type | Less Than | |
| Limit | 1.0 | |
| Tolerance | 0.0 | |
| ⌄ Data Input Connector | | |
| Trip | | |

| OK | Cancel | Help |

图 7-54　TripLim 的约束条件

7. 设置优化算法

双击 "SchedulingStart"，选择 pilOPT 算法，并设置为 "Self-initializing"，计算 500 次，设置完成后如图 7-55 所示。该算法是 ESTECO 公司独创的自主性帕累托前沿探索算法，不需要用户具有任何的 DOE 算法和优化算法知识，只要单击执行即可。

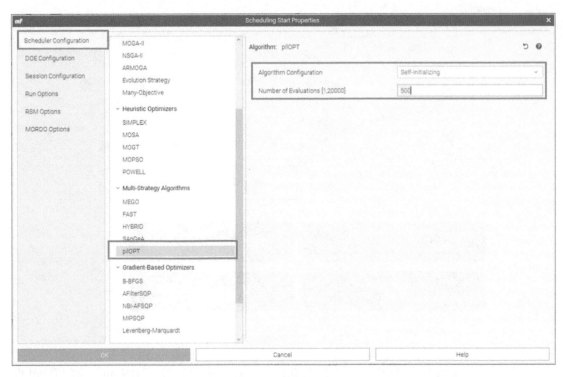

图 7-55 设置优化算法

此处的"Self-initializing"为自初始模式，简单来说，该模式下用户仅需设定计算多少次即可。使用场景多半为周末，用户估算一下 2 天时间内可以计算多少次，将这个次数输入这里，下一周的周一就能看到优化结果了。另外还有 2 个模式分别是"Autonomous"自主性及"Manual"手动模式（pilOPT 中没有手动模式）。各个模式都有着独自的运算特性，如图 7-56 所示。自主性模式是一个全自动的设定模式，会自动判断何时优化结束，不需要用户设定任何参数；其使用场景是长期休假时，用户预留好充分的时间进行一次彻底的优化。手动模式则是需要用户输入各种算法参数，需要很强的专业性知识。

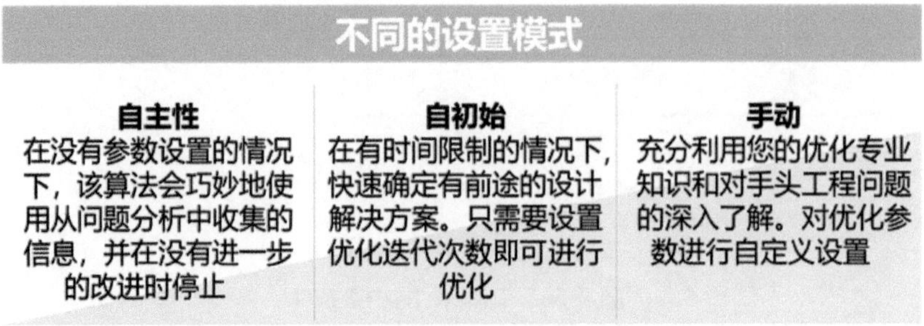

### 不同的设置模式

**自主性**
在没有参数设置的情况下，该算法会巧妙地使用从问题分析中收集的信息，并在没有进一步的改进时停止

**自初始**
在有时间限制的情况下，快速确定有前途的设计解决方案。只需要设置优化迭代次数即可进行优化

**手动**
充分利用您的优化专业知识和对手头工程问题的深入了解。对优化参数进行自定义设置

图 7-56 modeFRONTIER 中的算法设置模式

8. 实施优化

接下来只要单击右上角 [Run] 按钮进行计算即可，如图 7-57 所示。

图 7-57　进行优化

## 7.4.6　modeFRONTIER 结果分析

在计算完成后，切换至 DESIGN SPACE 页面，可以看到如图 7-58 所示的计算结果。在 modeFRONTIER 中，以 Table 表的形式表示优化后的结果。本次优化计算了 500 次，可以看到 ID 序号为 0~499，共计 500 个。之后，我们需要对这个表单进行数据处理及绘图。

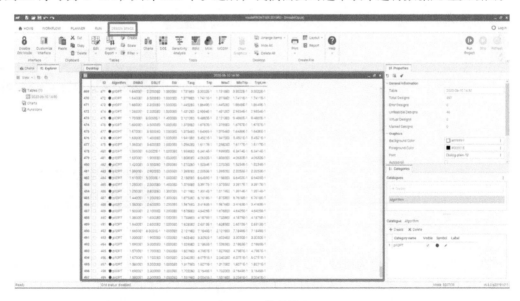

图 7-58　优化结果

1. 散点图

首先，我们对转矩脉动及转矩平均值这 2 个计算目标绘制二维散点图。操作如图 7-59 和图 7-60 所示，即可得到散点图。

图 7-59　显示散点图（1）

图 7-60　显示散点图（2）

　　该散点图以转矩平均值为横轴，以转矩脉动为纵轴，将所有计算结果显示于图 7-61 中。绿色点（较大圆点）代表满足约束条件的形状，而黄色点（较小的点）代表不满足约束条件的形状。此次案例设置转矩脉动不得大于 1N·m 为约束条件，可以从图 7-61 看出，以转矩脉动 1N·m 为分界线，上侧为黄色，下侧为绿色，与预期相符。

　　此外，我们的目标是最大的平均转矩和最小的转矩脉动，也就是整张散点图的右下角。而优化结果显示，这二者在右下角存在此消彼长、相互制约的关系。这时我们通常会关注于最外侧的极限处。

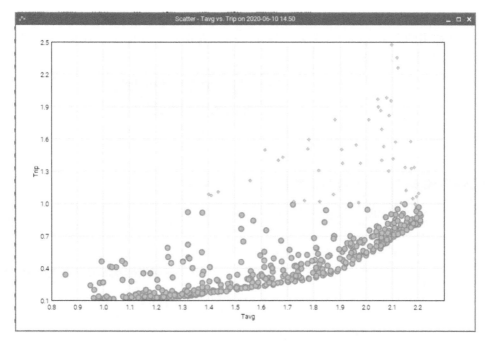

图 7-61　散点图

　　如图 7-62 所示，我们将最外侧的结果显示出来，可以发现形成了一条曲线。在优化过程中，通常会称之为帕累托前沿，指的是最优解的集合。举个例子，假设我们关注平均转矩为 2.0N·m 的情况，可以发现没有任何一个解是优于帕累托前沿上的解，即帕累托前沿上的解在平均转矩相同情况下可以获得最优的转矩脉动。当然也可以反过来说，同样适用。

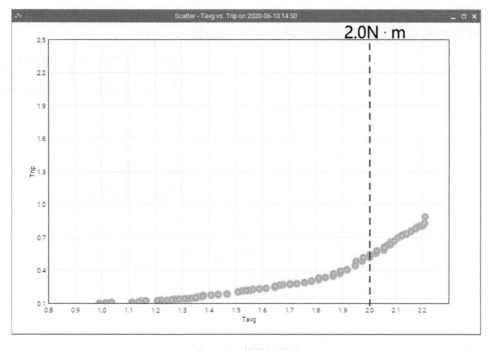

图 7-62　帕累托前沿

### 2. 散点矩阵图

另一个常用的图标是散点矩阵图，它是一个综合反映整体数据的图表。生成图标的操作如图 7-63 和图 7-64 所示。

图 7-63　显示散点矩阵图（1）

图 7-64　显示散点矩阵图（2）

通过上述步骤可以得到如图 7-65 所示的散点矩阵图。散点矩阵图需要从 3 个角度进行分析。首先，左下侧由数字构成的是数据相关性。数字范围为 −1~1，越接近于 −1 或 1 代表其横纵轴对应参数的相关性越强。数字的正负代表正负相关性，正相关表示 2 个参数同增同减，负相关则表示一个增加而另一个减小，可以参照图 7-66 进行理解。比如，转子隔磁磁桥距离 DSLIT 与平均转矩 Tavg 的交界点数值为 −0.953，说明这 2 个参数的负相关性很强，隔磁磁桥距离越大，平均转矩则越小，这也符合电机的设计理论。接下来看图 7-65 的右上侧，右上侧为以横纵轴对应的散点图。同样以转子隔磁磁桥距离 DSLIT 与平均转矩 Tavg 为例，可以看到交界处散点图是一个接近于负斜率的线性分布。这与左下侧的负相关性结果相同。而图 7-65 中间的一条为对应参数的分布图，可以看到对应参数在优化过程中的分布。

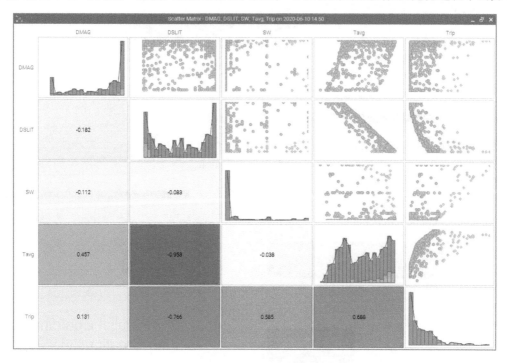

图 7-65  散点矩阵图

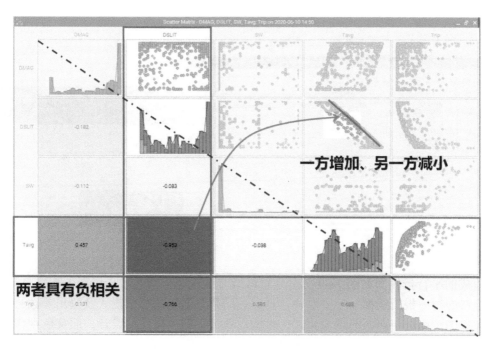

图 7-66  散点矩阵的分析方法

### 3. 平行折线图

对于大量的优化数据，除了分析其分布以外，更重要的是筛选出我们所需要的结果。平行折线图就可以帮助我们找到符合需要的优化结果，操作流程如图 7-67 与图 7-68 所示。

图 7-67　显示平行折线图（1）

图 7-68　显示平行折线图（2）

生成的平行折线图如图 7-69 所示，它将所有优化结果都通过折线图的形式显示出来。从左至右的每一根折线都是一个形状计算后的结果。横轴是各个输入及输出参数，纵轴为各个参数的范围。与前面的图表相同，绿色代表满足约束条件的设计，而黄色则代表不满足约束条件的设计。

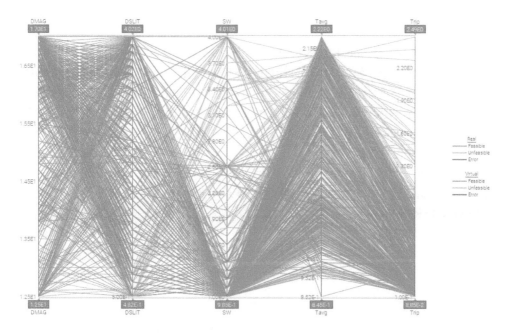

图 7-69　平行折线图结果

此外，还可以将各个参数上下两侧的最大值进行拖动，从而筛选出满足自己需要的数据。比如，将平均转矩"Tavg"的最小值改成 1.76N·m，将转矩脉动"Trip"的最大值改成 1.01N·m，就可以剔除那些超出这个范围的结果。新的筛选结果如图 7-70 所示。

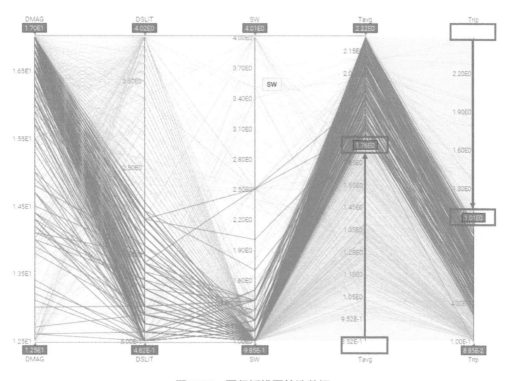

图 7-70　平行折线图筛选数据

## 7.5　本章小结

　　本章介绍了 JMAG 与 modeFRONTIER 联合优化的流程及数据分析方法。可以看出，与前几章中 JMAG 内的优化相对比，modeFRONTIER 的优化会比 JMAG 内置的优化方法专业不少。除了更多更简单的优化算法，modeFRONTIER 还有更丰富的数据分析功能。此外，如果读者愿意按照本章流程亲自操作一次的话，还可以对比下这二者进行优化的效率。由于 modeFRONTIER 内的所有算法都是经过算法优化过的，相比 JMAG 内的优化算法，寻优的速度会更快，效率也会更高。

　　由于篇幅限制，本章只能起到一个入门的介绍。由于 modeFRONTIER 是一款非常专业的优化软件，功能众多，笔者还是希望读者能够亲自进行探索。遇到困难的时候，可以翻看 modeFRONTIER 的帮助文档及教程。相比大多数软件，modeFRONTIER 的帮助文档及教程还是非常丰富、详细的。

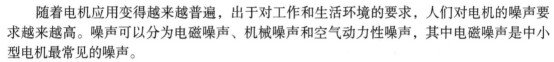

# 第 8 章 永磁同步电机结构振动分析

随着电机应用变得越来越普遍,出于对工作和生活环境的要求,人们对电机的噪声要求越来越高。噪声可以分为电磁噪声、机械噪声和空气动力性噪声,其中电磁噪声是中小型电机最常见的噪声。

电机中的电磁力是产生噪声的电磁激励力。当电磁激励力与电机的模态共振时,会产生振动和噪声。为了更准确地评估这一现象,有必要了解定子铁心的电磁力分布,这是辐射噪声的基础。在一个依赖于定子铁心几何结构的模型中,对电磁力的分布或模态的分布进行分析(如有限元分析)是必要的。本章主要利用 JMAG 对永磁同步电机结构振动案例进行详细的分析和结果展示。

该案例文件位于:JMAG 安装文件(Install File)\sample\motor_DS。

## 8.1 导入项目文件

(1)设置单位

1)启动 JMAG-Designer。

2)从主菜单栏中选择 [Tools] > [Preferences]。

[Preferences] 对话框会出现

3)选择 [Units]。

4)单击按钮 ➕。

[Units] 对话框会出现

5)在 [Title] 文本框输入一个名称。

此处,用"DS_IPM_motor"作为名称

6)在 [Units] 列表中输入合理的参数,如图 8-1所示。

7)单击 [OK]。

[Units] 对话框会关闭,并且 [Preferences] 对话框会出现

8)单击 [OK]。

[Preferences] 对话框会关闭

| Category | Unit |
| --- | --- |
| Length | mm |
| Angle | deg |
| Time | s |
| Frequency | Hz |
| Revolution speed | r/min |
| Resistance | ohm |

图 8-1 单位设置

(2)导入项目文件

1)从菜单栏中选择 [File] > [Open]。

出现 [Open File] 对话框

2)在 [Open File] 对话框中进行图 8-2 所示的设置,然后单击 [Open]。

电机显示在图形窗口中

(3)复制 Study

1)在树视图中右键单击 [Study: <Magnetic> <2D_PM_motor_load>]。

出现快捷菜单

| Item | Parameter |
| --- | --- |
| File Location | (Install Folder)\sample\2dmotor |
| File Type | JMAG project file (*.jproj) |
| File Name | 2D_PM_motor.jproj |

图 8-2 打开 2D_PM_motor 文件

2）选择 [Duplicate Study]。

出现 [Duplicate Study] 对话框

3）按图 8-3 所示进行复制 Study。

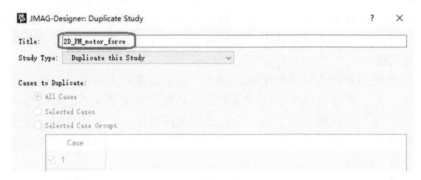

图 8-3　复制 Study

4）单击 [OK]。

该算例在树视图中的 [Study: <Magnetic> <2D_PM_motor_force>] 下被复制

5）从菜单栏中选择 [File] > [Save As]。

出现 [Save As] 对话框

6）指定保存文件的文件夹。

7）在 [File name] 文本框中指定一个名称。

在本例中，使用"DS_IPM_motor"作为名称

8）单击 [Save]。

JMAG 项目文件（*.jproj）保存在指定的文件夹中

## 8.2　修改条件

（1）显示 [Conditions] 条件

单击 [Toolbox] 中的 [Conditions] 栏，如图 8-4 所示。

可用的条件列表显示在 [Conditions] 中

（2）修改 [Rotation Motion] 条件

1）右键单击树视图中 [Study: <Magnetic> <2D_PM_motor_force>]>[Conditions] 下的 [Motion: Rotation]，然后选择 [Edit]。

[Treeview] 选项卡切换到 [Control] 选项卡，并显示 [Rotation Motion] 设置

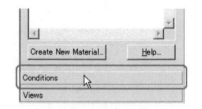

图 8-4　[Conditions] 条件

2）根据图 8-5 所示的参数对 Rotation 条件进行设置。

| Item | | Parameter |
| --- | --- | --- |
| Displacement Type | Constant Revolution Speed | 2700 (r/min) |

图 8-5　[Motion:Rotation] 条件设置

（3）删除 [Torque: Nodal Force] 条件

1）右键单击树状视图中的 [Study: <Magnetic> <2D_PM_motor_force>]>[Conditions] 下的 [Torque: Nodal Force]。

*出现快捷菜单*

2）选择 [Delete]。

*[Torque: Nodal Force] 从树视图中 [Study: <Magnetic> <2D_PM_motor_force >]>*
*[Conditions] 下被删除*

（4）设置 [Force: Nodal Force] 条件

1）从 [Conditions] 中的列表中选择 [Output] > [Force] > [Force: Nodal Force] 条件。

2）将条件拖放到图形窗口中的"stator core"中，如图 8-6 所示。

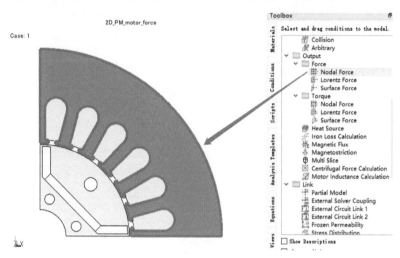

图 8-6　[Force: Nodal Force] 条件设置

*[Treeview] 选项卡切换到 [Control] 选项卡，并显示 [Force: Nodal Force] 设置。所选零件*
*显示在 [Parts] 列表中*

3）在 [Title] 文本框中输入名称。

*对于这个例子，使用"Stator Force"作为名称*

4）单击 [OK]。

*[Force: Nodal Force] 设置关闭*

*[Force: Nodal Force] 被添加至树视图中的 [Study: <magnetic> <2D_PM_motor_force >]>*
*[Conditions] 下，并以 [Title] 文本框中指定的名称显示*

（5）确认条件设置　确认指定了适当的条件。

确认树视图中 [Study: <magnetic> <2D_PM_motor_force>] 下的条件。正确的条件设置完成后，应如图 8-7 所示。

*在树视图下 [Study: <Magnetic> <2D_PM_motor_force >] > [Conditions] 中显示图 8-7 所示的条件。如果与图 8-7 所示的条件不同，则按照步骤 2）中描述的流程设置正确的条件*

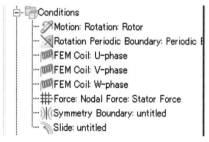

图 8-7　检查条件设置

（6）修改 study 属性

1）右键单击树视图 [Study: <Magnetic> <2D_PM_motor_force >]。

*出现快捷菜单*

2）选择 [Properties]。

*出现 [Study Properties] 对话框*

3）根据图 8-8 所示的参数对 Study 的基本属性进行设置。

4）单击 [OK]。

*[Study Properties] 对话框关闭*

（7）修改电路

1）右键单击树视图中的 [Study: <Magnetic> <2D_PM_motor_force >]。

*出现快捷菜单*

2）选择 [Edit Circuit]。

*出现 [Edit Circuit] 窗口*

3）在电路编辑器窗口中双击三相电流源组件。

*选择三相电流源组件，设置显示在 [Properties] 选项卡中*

4）三相电流源的参数设置，如图 8-9 所示。

| Item | Parameter |
| --- | --- |
| Steps | 97 |
| End Time | 1/(2700/60) |
| Divisions | 384 |

| Item | Parameter |
| --- | --- |
| Frequency | 90 (Hz) |

图 8-8　Study 步数设置　　　　　　　图 8-9　三相电流源设置

（8）确认电路的设置

1）确认电路组件属性设置正确。

*在电路编辑器窗口中双击三相电流源组件，并在 [Properties] 选项卡中显示设置*

2）单击 [Edit Circuit] 窗口中的 [Close] ✖ 按钮。

*[Edit Circuit] 窗口关闭*

## 8.3　运行分析

1）右键单击树视图中的 [Study: <Magnetic> <2D_PM_motor_force >]。

*出现快捷菜单*

2）选择 [Run Active Case]。

*该算例开始运行，并且 [Run Analysis] 对话框会出现；当分析完成后，[Messages] 对话框会跳出，算例名称、网格信息、计算结果文件路径和计算文件夹会出现；[Results] 会被添加到树视图中的 [Study] 中，[Graphs]、[Section] 和 [Probes] 也会在 [Results] 中出现*

3）确定 [Messages] 对话框的内容，然后单击 [Close]。

*[Messages] 对话框会关闭*

## 8.4　显示计算结果

（1）显示节点力向量图

1）在树视图中 [Study: <Magnetic> <2D_PM_motor_force >] 中的 [Results] 上单击右键。

快捷菜单会出现

2）选择 [New Vector Plot]。

[Treeview] 选项卡会切换成 [Control] 选项卡，并且 [Vector Plot] 设置框会显示

3）在 [Title] 文本框中输入一个名称。

在该例子中，输入"Nodal Force"作为名称

4）根据图 8-10 所示的参数对节点力计算结
果进行设置。

5）单击 [OK]。

[Vector Plot] 设置关闭

| Item | Parameter |
| --- | --- |
| Title | Nodal Force |
| Results Type | Nodal Force |

图 8-10　矢量图参数设置

[Nodal force] 会添加到树视图中的 [Study: <Magnetic> <2D_PM_motor_force >] > [Results] > [Vector Plots] 中，并且其名称和在 [Title] 文本框中输入的名称一样

6）单击 [Display Vector Result] 工具按钮。

在图形窗口中显示节点力矢量图，如图 8-11 所示。

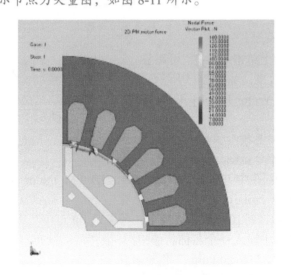

图 8-11　节点力矢量图

7）在步数控制工具条上按住并拖动滑动条，以显示每一步的计算结果，如图 8-12
所示。

图 8-12　步数控制条

图 8-13 所示为某一指定步数时的结果

8）在步数控制工具条上输入一个步数，以显示指定步数所对应的计算结果，如图 8-14
所示。

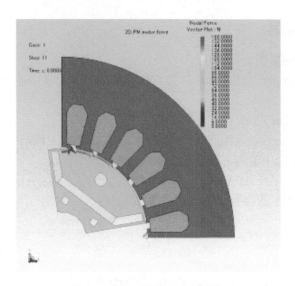

图 8-13　某一指定步数的结果

图 8-14　输入指定步数

9）在动画控制界面上单击 [Play]，可以显示每一步所对应的动画效果，如图 8-15 所示。

10）单击 [Display Vector Result] 工具按钮 。

图 8-15　动画控制界面

矢量图显示将会返回至模型图显示

（2）显示节点力频率分量图

1）右键单击树视图中 [Study: <Magnetic> <2D_PM_motor_force >] > [Results] 下的 [Probes]，然后选择 [New Probe]。

[Treeview] 选项卡切换到 [Control] 选项卡，并显示 [Probe] 设置

2）在 [Title] 文本框中输入一个名称。

在这个例子中，输入 "Nodal Force" 作为名称

3）按图 8-16 所示进行参数设置。

4）单击 [Location] 按钮 。

5）根据图 8-17 所示来设置测量点的位置。

| Item | Parameter |
| --- | --- |
| Title | Nodal Force |
| Result Type | Nodal Force |
| Reference Coordinate System | Cylindrical |
| Component | R |

| Item | Parameter |
| --- | --- |
| Evaluation Coordinate System | Cylindrical |
| Location (R ,θ , Z) | (28, 45, 0) |

图 8-16　[New Probe] 参数设置

图 8-17　测量点位置设置

指示测量点的箭头出现在图形窗口中

6）单击 [OK]。

[Probe] 设置关闭，[Control] 选项卡切换到 [Treeview] 选项卡，并在树视图中的 [Results] > [Probes] 下添加 [Nodal Force]。[Title] 文本框指定的名称出现在 [Nodal Force] 旁边

当鼠标光标放置在树形图中 [Study: <Magnetic> <2D_PM_motor_force >] > [Results] 下的探针名称 [Probes] 上时，将显示探头的测量点，如图 8-18 所示

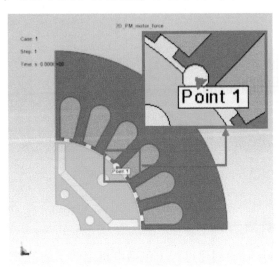

图 8-18　测量点显示

7）右键单击树视图 [Results] > [Probes] 下的 [Nodal Force]。

出现快捷菜单

8）选择 [Show] > [Nodal Force]。

节点力图形显示在图形对话框中

9）从菜单栏上选择 [Calculation] > [Fourier Transform]。

出现 [Fourier Transform Properties] 对话框

10）根据图 8-19 对傅里叶变换进行设置。

11）单击 [OK]。

节点力的频谱图显示在 [Graph] 对话框中。使用条形图显示幅度，并使用曲线图显示相位，结果如图 8-20 所示

| Item | | Parameter |
|---|---|---|
| Output Type | | Amplitude and Phase |
| X-Range | Minimum | 0 |
| | Minimum | 0.00555555555555555 |
| Create Graph | | On |
| Show Graph after Calculation | | On |

图 8-19　傅里叶变换设置

12）单击 [Graph] 对话框的 [Close] 按钮 ⊠。

[Graph] 对话框关闭

13）单击 [Graph Manager] 对话框的 [Close] 按钮 ⊠。

[Graph Manager] 对话框关闭

14）选择菜单栏上的 [File] > [Save]。

8.1 节所保存的 JMAG 项目文件（*.jproj）会被覆盖

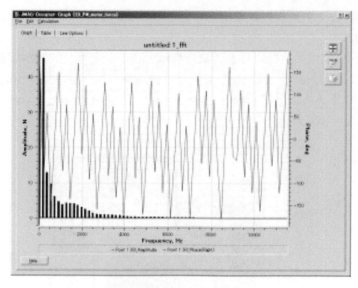

图 8-20 节点力的频谱图

## 8.5 将几何导入项目

本案例不介绍结构几何的创建过程（包括电机定转子的拉伸以及壳体、壳盖等部件的创建），该案例的几何模型的创建步骤读者可以参阅 JMAG 安装文件（Install File）\SLS\documents_en\source\motor_ds\op.html。

1）右键单击 JMAG-Designer 树视图中的 [Project]。

出现快捷菜单

2）从快捷菜单中选择 [Geometry Editor] > [Import Geometry]。

创建的几何图形被导入图形窗口，如图 8-21 所示。

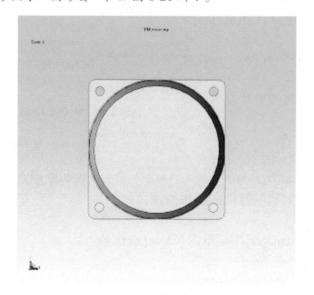

图 8-21 导入几何模型

[Solid Model: <DS_IPM_motor>] 在树视图中的 [Project] 下创建。

3）在树视图中，右键单击 [Properties] > [Solid Model: < DS_IPM_motor >] 下的 [Units]。

*出现快捷菜单*

4）选择 [Show]。

[Units] 对话框出现，对单位进行设置，如图 8-22 所示。

5）单击 [Set from System Default]。

*获取第 8.1 节中指定的单位，如图 8-23 所示。*

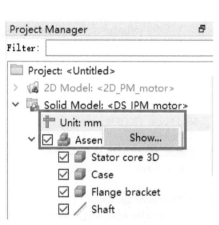

图 8-22　单位设置

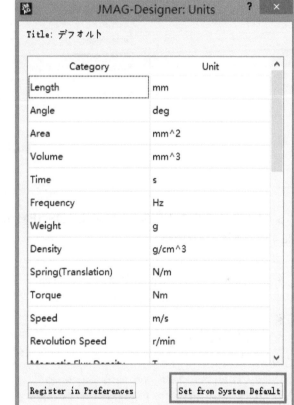

图 8-23　默认单位设置

6）单击 [OK]。

[Units] 对话框关闭

## 8.6　新建 Study

1）右键单击树视图中的 [Solid Model: <DS_IPM_motor>]。

*出现快捷菜单*

2）选择 [New Study] > [Structural Eigenmode Analysis]。

[Study: <Structural> <eigen mode 4>] *创建在树视图的底部，并出现* [Case Control]、[CAD Parameters] *和* [Parts] *等，如图 8-24 所示*

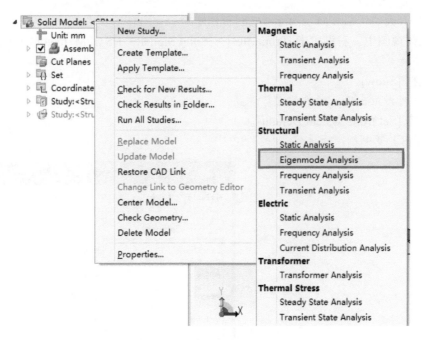

图 8-24　新建模态分析 Study

3）右键单击树视图 [Solid Model: <DS_IPM_motor> ] 下的 [Study: <Structural> <eigen mode 4>]，选择 propertise。

出现 [Study Properties] 对话框

4）在 [Study Title] 文本框中输入一个名称。

在这个例子中，使用"PM_motor_eig"作为名称

5）单击 [OK]。

[Study Properties] 对话框关闭

[Study Title] 文本框中指定的名称在树视图中的 [Solid Model: <DS_IPM_motor>] 下 [Study: <Structural> <PM_motor_eig>] 显示，如图 8-25 所示

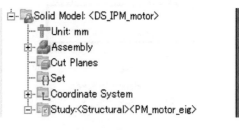

图 8-25　检查 Study 创建成功

## 8.7　材料设置

（1）显示 [Materials]　[Materials] 列在 [Toolbox] 的 [Materials] 栏中。

单击 [Toolbox] 中 [Materials] 栏设置材料，如图 8-26 所示。

可用的材料列表出现在 [Materials] 中

（2）为外壳和法兰支架创建新的材料　在结构分析中，需要为 [Custom Materials] 中的材料规定诸如密度和杨氏模量等力学性能。使用以下步骤来定义外壳和法兰支架的材料特性。

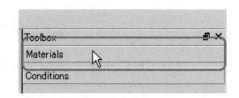

图 8-26　材料设置

1）单击 [Toolbox] 中 [Materials] 底部的 [Create New Material]... 按钮，可用来创建新的材料属性，如图 8-27 所示。

出现 [Material Editor] 对话框

2）在 [Name] 文本框中输入一个名称。

对于本示例，使用"ds material 1"作为名称

3）在 [Mechanical Properties] 选项卡中设置图 8-28 所示的相关属性参数。

4）单击 [OK]。

（3）为定子铁心和轴创建新的材料特性

1）单击 [Toolbox] 中 [Materials] 底部的 [Create New Material] 按钮。

出现 [Material Editor] 对话框

2）在文本框 [Name] 输入一个名称。

对于这个例子，使用"ds material 2"作为名称

3）在 [Mechanical Properties] 选项卡中设置图 8-29 所示的相关属性参数。

4）单击 [OK]。

（4）设置外壳的材料　材料可以直接从 [Materials] 分配给零件。

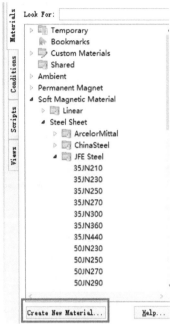

图 8-27　创建新材料

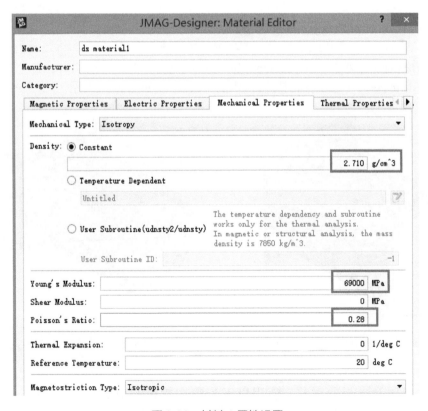

图 8-28　材料 1 属性设置

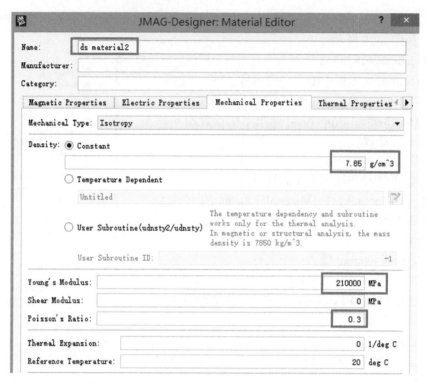

图 8-29　材料 2 属性设置

1）单击 [Isometric View] 工具按钮 [↻]。

*视图改变为以一定角度显示模型，正轴侧视图如图 8-30 所示*

2）从 [Materials] 列表中的 [Custom Materials] 下选择 [ds material 1]。

3）将 [ds material 1] 拖放到图形窗口中的 "Case"，如图 8-31 所示。

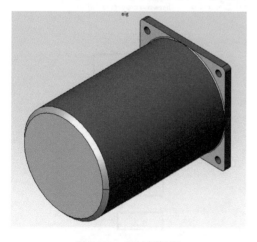

图 8-30　正轴侧视图

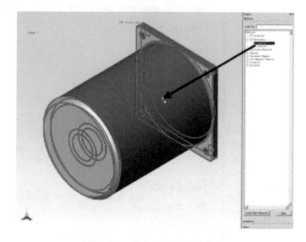

图 8-31　将材料 1 赋予外壳

[ds material 1] 添加到 [Study: <Structural> <PM_motor_eig>]> [Parts] 下的 [Case]

（5）设置法兰支架的材料　使用以下步骤在树视图中的 [Study: <Structural> <PM_motor_eig>] > [Materials] 下将 [ds material 1] 分配给法兰支架。

1）清除树视图中 [Solid Model: <DS_IPM_Motor>] > [Assembly] 下的 [Case] 复选框。

*[Case] 在图形窗口中被隐藏*

2）单击 [Select Part] 工具栏按钮⬜。

3）单击图形窗口中的"Flange bracket"。

*当选择"Flange bracket"时，其突出显示*

4）右键单击树视图中 [Study: <Structural> <PM_motor_eig>] > [Materials] 下的 [ds material 1]，然后选择 [Apply to Selected]。

将 [ds material 1] 添 加 到 [Study: <Structural> <PM_motor_eig>] > [Parts] 下 的 [Flange bracket] 中，如图 8-32 所示。

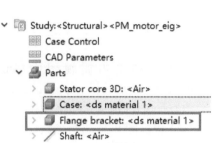

5）单击除上面所述部件外的图形窗口的区域。

*法兰托架不被选中，模型显示恢复正常*

（6）定子铁心材料的设置　从 [Materials] 中可以将材料直接分配给零件。

1）从 [Materials] 列表中选择 [Custom Materials] 下的 [ds material 2]。

图 8-32　检查材料 1 设置

2）将材料拖放到图形窗口中的"Stator core 3D"中，如图 8-33 所示。

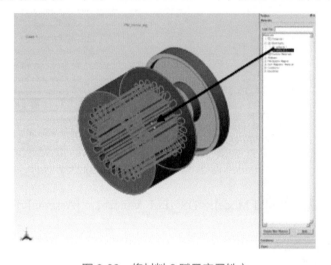

图 8-33　将材料 2 赋予定子铁心

将 [ds material 2] 添加到 [Study: <Structural> <PM_motor_eig>]>[Parts] 下 的 [Stator core 3D] 中

（7）设置轴的材料　使用以下步骤将树视图中 [Study: <Structural> <PM_motor_eig>] > [Materials] 下的 [ds material 2] 分配给轴。

1）清除树形视图中 [Model: <DS_IPM_Motor>] > [Assembly] 下的 [Stator core 3D] 复选框。

*"Stator core 3D"隐藏在图形窗口中，如图 8-34 所示*

2）单击图形窗口中的"轴"。

*当选择"轴"时，其突出显示，界面如图 8-35 所示*

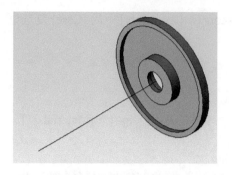

图 8-34　隐藏定子铁心

图 8-35　选中轴

3）右键单击树视图中 [Study: <Structural> <PM_motor_eig>] > [Materials] 下的 [ds material 2]，然后选择 [Apply to Selected]。

[Treeview] 选项卡切换到 [Control] 选项卡，并显示 [Beam] 设置

4）根据图 8-36 进行参数设置。

5）单击 [OK]。

[ds material 2] 被添加到 [Study: <Structural> <PM_motor_eig>] > [Parts] 下的 [Shaft]，如图 8-37 所示

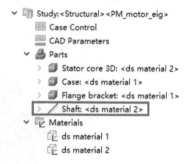

| Item | Parameter |
| --- | --- |
| Cross Section | Circle |
| Radius | 8 (mm) |

图 8-36　参数设置

图 8-37　检查材料 2 设置

6）在树状图中选择 [Solid Model: <DS_IPM_Motor>] > [Assembly] 下的 [Stator core 3D] 和 [Case] 复选框。

定子铁心和壳体出现在图形窗口中

（8）确认材料设置

1）确认为每个零件指定了正确的材料。

材料显示在树视图中 [Study: <Structural> <PM_motor_eig>] > [Materials] 下，确认 [ds material 1] 和 [ds material 2] 出现。如果显示 [Air]，则材料未正确指定。使用第 8.7 节中步骤指定正确的设置，如图 8-38 所示

2）确认正确的材料分配给每个零件。

图 8-38　确认材料 1 和材料 2

当鼠标光标放在树视图中的 [Study: <Structural> <PM_motor_eig>] > [Materials] 下方的每个材料上时，材料设置的零件以红色勾画。如果材料未正确分配给每个零件，请使用第 8.7 节中的步骤指定正确的设置。材料 1 和材料 2 的检查分别如图 8-39 和图 8-40 所示。

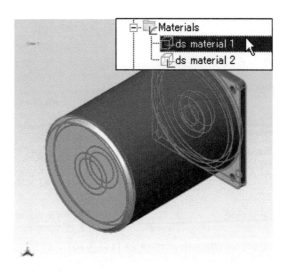

图 8-39　检查材料 1

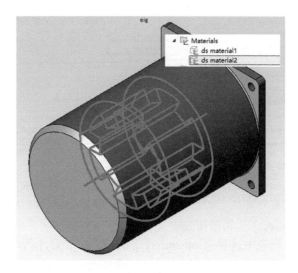

图 8-40　检查材料 2

## 8.8　条件设置

（1）显示 [Conditions]　[Conditions] 列表出现在 [Toolbox] 中的 [Conditions] 栏中。

单击 [Toolbox] 中的 [Conditions] 栏，如图 8-41 所示。

出现 [Conditions] 列表，可用的条件列表出现在 [Conditions] 中

（2）[Rigid Body] 条件设置

1）清除树视图中 [Solid Model: < DS_IPM_ motor >] > [Assembly] 下的 [Stator core 3D] 和 [Case] 复选框，如图 8-42 所示。

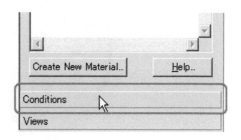

图 8-41　Conditions 条件设置

"Stator core"和"Case"隐藏在图形窗口中，如图 8-43 所示

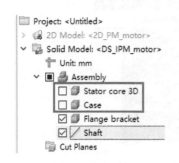

图 8-42　清除复选框

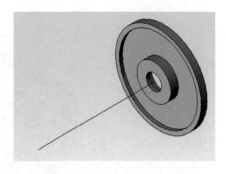

图 8-43　隐藏定子铁心与外壳

2）从菜单栏中的 [View] > [Visibility] 中选择 [Vertices]，如图 8-44 所示。

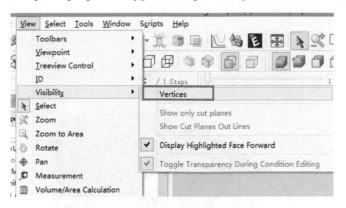

图 8-44　视图工具栏将顶点可见

该模型的顶点将以图形窗口中的橙色点突出，如图 8-45 所示。

3）单击 [Select Vertices] 工具按钮 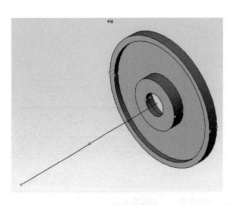。

4）从 [Conditions] 列表中选择 [Constraint] 下的 [Rigid Body] 条件，如图 8-46 所示。

图 8-45　橙色顶点

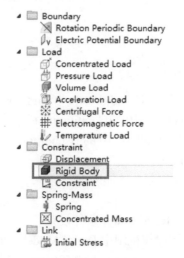

图 8-46　刚体条件设置

5）如图 8-47 所示，将其拖放到图形窗口中"Shaft"的顶点。

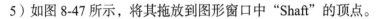

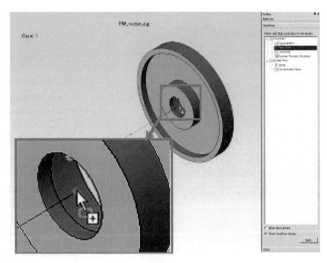

图 8-47 设置在轴的顶点处

[Treeview] 选项卡切换到 [Control] 选项卡，并显示 [Rigid Body] 设置。所选的顶点出现在 [Parts，Faces，Edges，Vertices] 列表中。

6）单击 [Select Face] 工具栏按钮，然后选择"Flange bracket"的面，如图 8-48 和图 8-49 所示。

所选面出现在 [Parts，Faces，Edges，Vertices] 列表中

7）在 [Title] 文本框中输入一个名称。

对于该示例，使用"rigid body 1"作为名称

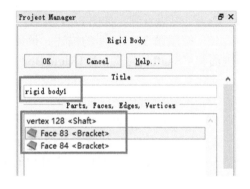

图 8-48 [Rigid Body] 条件设置

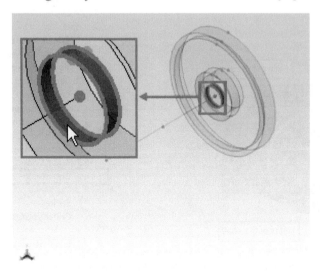

图 8-49 法兰盘的内部曲面被选中

8）确认 [Rigid Body] 设置。

在 [Parts，Faces，Edges，Vertices] 列表中注册顶点和面

如果设置不同，则请指定正确的设置

9）单击 [OK]。

[Rigid Body] 设置关闭

[Rigid Body] 被添加到树状视图中的 [Study:
<Structural> <PM_motor_eig>] > [Conditions] 下，
并且显示 [Title] 文本框中的指定名称，如图 8-50
所示

10）清除树视图中 [Solid Model: <DS_IPM_
motor>] > [Assembly] 下的 [Flange Bracket] 复选
框，然后选择 [Case]。

"法兰支架" 被隐藏在图形窗口中，并且出
现外壳

11）单击 [Rotate] 工具栏按钮 。

12）按住鼠标左键，移动鼠标，使 "Shaft"
和 "Case" 可以看到，如图 8-51 所示。

13）按照第 3）~9）步的描述，设置 "Case"
的表面和 "Shaft" 的顶点为 [Rigid Body] 条件。

对于该例子，使用 "rigid body 2" 作为名称

（3）[Constraint] 条件设置

1）单击 [Select Face] 工具栏按钮 。

2）从 [Conditions] 列表中选择 [Constraint] 下的 [Constraint] 条件，如图 8-52 所示。

3）将材料拖放到 "Case" 中螺栓的紧固部件上，如图 8-53 所示。

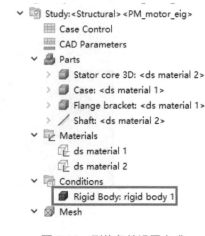

图 8-50　刚体条件设置完成

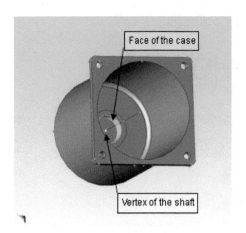

图 8-51　轴与外壳可见

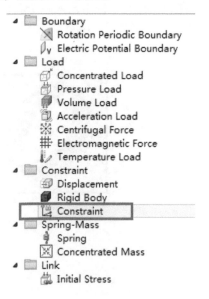

图 8-52　约束条件设置

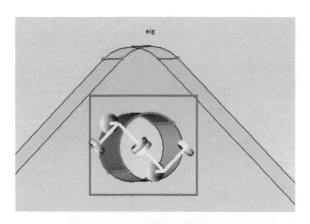

图 8-53　将约束条件设置在该位置

所选的面以红色和黄色的针脚突出显示，表示出现约束的方向

[Treeview] 选项卡切换到 [Control] 选项卡，并显示 [Constraint] 设置。所选面出现在 [Parts，Faces，Edges，Vertices] 列表中，如图 8-54 所示

4）在图形窗口中选择"Case"的螺栓区域中剩余的 3 个面。

所选面孔出现在 [Parts，Faces，Edges，Vertices] 列表中，如图 8-55 所示

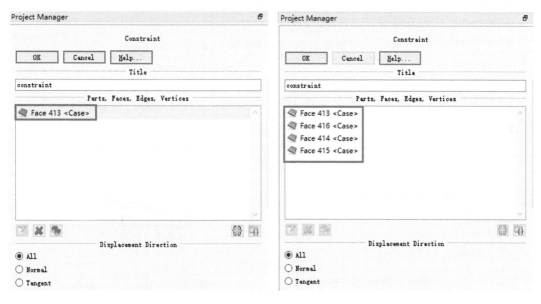

图 8-54　约束条件设置界面　　　　　图 8-55　选择剩余的 3 个面

图形窗口中的所有螺栓连接区域都会添加黄色针脚，最终如图 8-56 所示

5）确认 [Displacement Direction] 中选择了 [All]，如图 8-57 所示。

6）在 [Title] 文本框中输入一个名称。

对于这个例子，使用"constraint"作为名称

7）确认 [Constraint] 设置。

在 [Parts，Faces，Edges，Vertices] 列表中注册 4 个面。如果设置不同，则请指定正确的设置

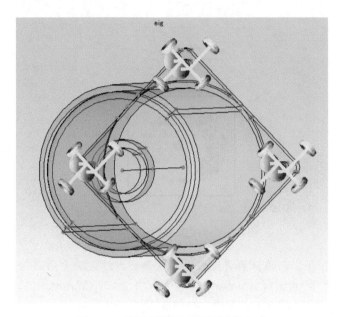

图 8-56　所有螺栓固定区域设置完成

8）单击 [OK]。

[Constraint] 设置关闭

[Constraint] 在树视图中的 [Study: <Structural> <PM_motor_eig>] > [Conditions] 下添加，其名称在 [Title] 文本框中指定

（4）[Concentrated Mass] 条件设置

1）清除树视图中 [Solid Model: <DS_IPM_motor>] > [Assembly] 下的 [Case] 复选框，如图 8-58 所示。

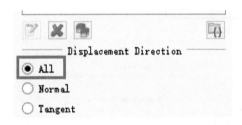

图 8-57　[Displacement Direction] 方向选择

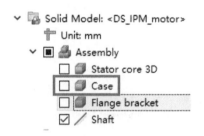

图 8-58　清除壳体复选框

[Case] 隐藏在图形窗口中，界面如图 8-59 所示

2）单击 [Top] 工具按钮，如图 8-60 所示。

视图改变以显示位于轴中心的顶点的前部

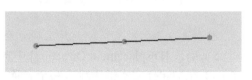

图 8-59　轴（顶点可见）

3）在 [Conditions] 列表中选择 [Spring-Mass] 下的 [Concentrated Mass] 条件，如图 8-61 所示。

4）将条件拖放到"Shaft"中心的位置，如图 8-62 所示。

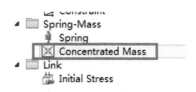

图 8-60 轴中心顶点可见　　　　图 8-61 添加 [Concentrated Mass] 条件

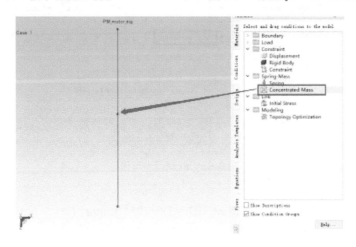

图 8-62 将条件设置在轴中心位置

[Treeview] 选项卡切换到 [Control] 选项卡，并显示 [Concentrated Mass] 设置。所选顶点出现在 [Vertices] 列表中，如图 8-63 所示

5）在 [Title] 文本框中输入一个名称。

对于该示例，使用"rotor mass"作为名称

6）按图 8-64 中的参数对该条件进行设置。

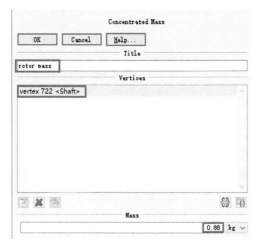

| Item | Parameter |
| --- | --- |
| Title | rotor mass |
| Mass | 0.88 (kg) |

图 8-63 [Concentrated Mass] 条件设置界面　　　图 8-64 [Concentrated Mass] 参数设置

7）单击 [OK]。

[Concentrated Mass] 设置关闭

[Concentrated Mass] 在树视图中的 [Study: <Structural> <PM_motor_eig>] > [Conditions] 下被添加，其名称在 [Title] 文本框中指定

8）在 [View] > [Visibility] > [Vertices] 选择 [Vertices]，然后清除复选框。具体操作如图 8-65 所示，设置完成之后，界面如图 8-66 所示。

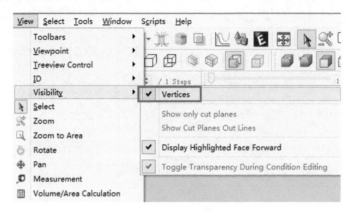

图 8-65　取消顶点可见

*顶点隐藏在图形窗口中*

9）在树形图中选择 [Solid Model: <DS_IPM_motor>] > [Assembly] 下的 [Stator core 3D]、[Flange bracket] 和 [Case] 复选框，如图 8-67 所示。

*所有部件都显示在图形窗口中*

（5）确认条件设置　需要确认指定了适当的条件。

确认在树视图 [Study: <Structural> <PM_motor_eig>] > [Conditions] 中指定的条件。

在树状图中 [Study: <Magnetic> <PM_motor_eig>] > [Conditions] 下显示的条件应与图 8-68 相同。如果条件与图 8-68 不同，请按照第 8.8 节所述的步骤指定正确的条件。

（6）Study 属性设置

1）右键单击树视图中 [Study: <Structural> <PM_motor_eig>]。

*快捷菜单显示*

图 8-66　轴（顶点不可见）

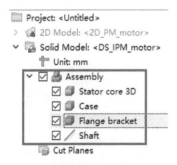

图 8-67　选中所有零部件复选框

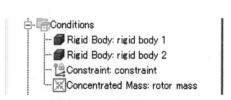

图 8-68　确认所有条件

2）选择 [Properties]。

[Study Properties] 对话框显示

3）在 [Eigenvalue] 中按照图 8-69 的值进行设置，具体设置界面如图 8-70 所示。

| Item | Parameter |
| --- | --- |
| Number of Eigenvalues | 45 |
| Start Frequency | 0 (Hz) |

图 8-69 [Eigenvalue] 设置参数

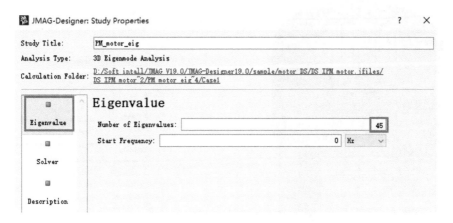

图 8-70 [Eigenvalue] 设置界面

4）按照图 8-71 中的参数对 [Solver] 进行设置，设置界面如图 8-72 所示。

| Item | Parameter |
| --- | --- |
| Maximum Iterations | 500 |

图 8-71 求解器设置参数

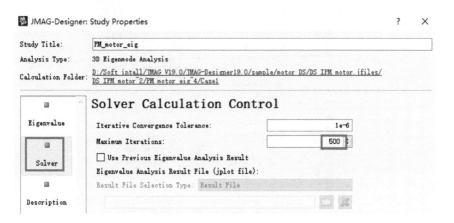

图 8-72 求解器设置界面

5）单击 [OK]。

[Study Properties] 对话框关闭

## 8.9　网格生成

（1）设定齿端部实体面的元件尺寸　需要指定定子铁心齿端部的实心面的网格尺寸，要选择的面如图 8-73 所示。

1）在树视图中，右键单击 [Study: <Structural> <PM_motor_eig>] 下的 [Mesh]，如图 8-74 所示。

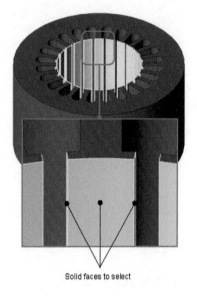

图 8-73　确定定子铁心齿端面

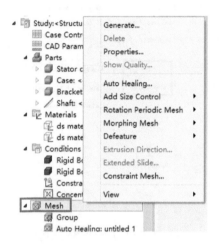

图 8-74　网格设置

出现快捷菜单

2）选择 [Add Size Control] > [Face]，如图 8-75 所示。

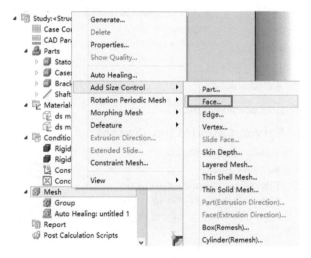

图 8-75　添加网格面

出现 [Element Size] 设置

3）在 [Title] 文本框中输入一个名称。

比如这个例子，使用"teeth"作为名称

4）为了选择定子铁心的齿端，隐藏所有其他零件，单击 [Treeview] 选项卡。

[Treeview] 选项卡出现在 [Element Size] 设置上方

5）清除 [Assembly] 下的 [Case]、[Flange Bracket] 和 [Shaft] 的复选框，如图 8-76 所示。

外壳、法兰支架和轴被隐藏

6）在图形窗口中选择定子铁心齿端的面。

所选面为红色轮廓，选择其余齿端面，如图 8-77 所示

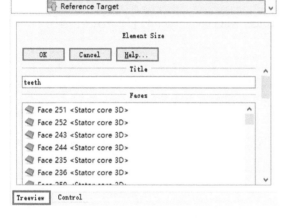

图 8-76  清除外壳、法兰支架和轴复选框

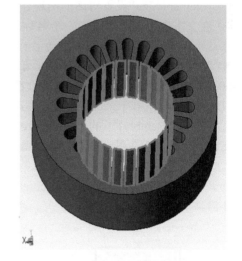

图 8-77  选择所有的齿端面

所选面将添加到 [Element Size] 设置中的 [Faces] 列表中

7）按图 8-78 中的参数对网格尺寸进行设置。

8）单击 [OK]。

[Element Size] 设置关闭

| Item | Parameter |
| --- | --- |
| Title | teeth |
| Size | 5 (mm) |

图 8-78  齿端面网格大小设置

[Element Size <Face>] 出现在树视图中的 [Study] > [Mesh] 下，其名称在 [Title] 文本框中指定

（2）指定轴的元件大小

1）在树视图中，右键单击 [Study: <Structural> <PM_motor_eig>] 下的 [Mesh]。

快捷菜单出现

2）选择 [Add Size Control] > [Part...]，如图 8-79 所示。

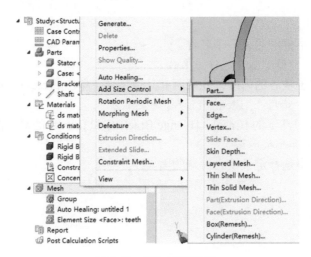

图 8-79　添加部件网格

3）[Element Size] 设置对话框出现。

4）在文本框 [Title] 中输入一个名称。

在这个例子中，用"shaft"作为名称

5）隐藏所有其他部件以选择轴。单击 [Project Manager] 底部的 [Treeview] 选项卡，如图 8-80 所示，只有轴可见，其余零部件都隐藏。

[Treeview] 出现在 [Element Size] 设置框的上面

6）清除 [Assembly] 下的 [Stator core 3D] 复选框，选择 [Assembly] 下的 [Shaft] 复选框。

[Stator core 3D] 在图形窗口中被隐藏，[Shaft] 在图形窗口中出现

7）单击图形窗口中的轴。

轴显示为红色。轴被添加到 [Element Size] 设置的 [Parts] 列表中，并显示选择的部件，如图 8-81 所示

图 8-80　清除轴以外的复选框

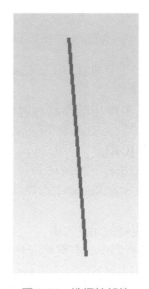

图 8-81　选择轴部件

8）按图 8-82 中的参数对轴区域的网格尺寸进行设置，设置界面如图 8-83 所示。

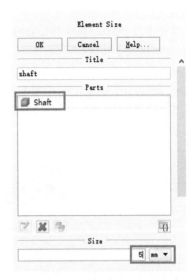

| Item | Parameter |
|------|-----------|
| Title | shaft |
| Size | 5 (mm) |

图 8-82　轴区域的网格大小设置

图 8-83　轴的网格设置界面

9）单击 [OK]。

*元件大小设置关闭*

*在树视图中 [Study] > [Mesh] 下出现 [Element Size <Part>]，其名称在 [Title] 文本框中指定*

（3）设置网格属性

1）右键单击 [Study: <Structural> <PM_motor_eig>] 下的 [Mesh]。

*快捷菜单出现*

2）选择 [Properties]。

*出现 [Mesh Properties] 对话框*

3）按图 8-84 中条件对网格进行基本设置，再按照图 8-85 中的参数对网格剖分的尺寸进行合理设置。

| Item | Parameter |
|------|-----------|
| Method | Semi Auto Mesh |
| Element Order | 2nd Order |

| Item | Parameter |
|------|-----------|
| Set Element Size Automatically | Off |
| Default Element Size | 8 (mm) |

图 8-84　网格基本属性设置

图 8-85　网格尺寸设置

4）单击 [OK]。

*[Mesh Properties] 对话框关闭*

（4）网格生成

1）右键单击树视图 [Study] 下的 [Mesh]。

*快捷菜单出现*

2）选择 [Generate]。

[Generate Mesh] 对话框出现，并且网格生成开始运行。在网格生成之后，[Messages] 对话框出现

3）单击 [Messages] 对话框中的 [Close]。

[Messages] 对话框关闭

4）单击工具按钮 [View Mesh] 📧 。

生成的网格模型出现在图形窗口中，确认每个零件的元件尺寸与图 8-86 一致

5）清除树视图中 [Solid Model: <DS_IPM_Motor>] > [Assembly] 下的 [Case] 复选框。

[Case] 在图形窗口中被隐藏，如图 8-87 所示

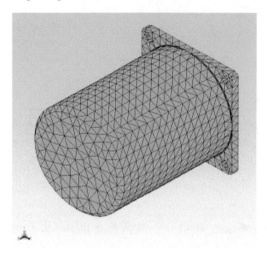

图 8-86　网格剖分完成示意图

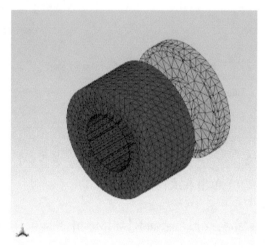

图 8-87　清除壳体的复选框

6）选择树视图中 [Solid Model: <DS_IPM_motor >] > [Assembly] 下的 [Case] 复选框。

外壳出现在图形窗口中

7）单击工具按钮 [View Model] 🖨 。

模型显示

## 8.10　运行分析

1）单击树视图中的 [Study: <Structural> <PM_motor_eig>]。

快捷菜单出现

2）选择 [Run Active Case]。

分析开始运行，出现 [Run Analysis] 对话框，如图 8-88 所示

分析完成后，将显示 [Messages] 对话框，包括 Study 的名称、网格信息、结果文件和计算文件夹的目录

[Results] 在树视图中的 [Study] 下添加，[Graphs]、[Section] 和 [Probes] 显示在 [Results] 下

3）确认 [Messages] 对话框的内容，然后单击 [Close]。

[Messages] 对话框关闭

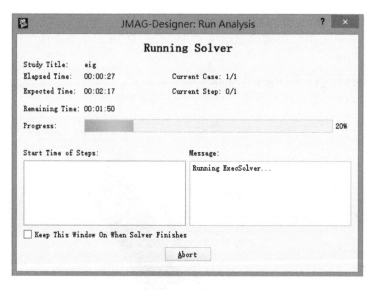

图 8-88　运行计算

## 8.11　结果显示

1）右键单击树视图 [Study: <Structural> <PM_motor_eig>] 下的 [Results]，然后选择 [New scaling factor...]，如图 8-89 所示。

[Treeview] 选项卡切换到 [Control] 选项卡和 [New scaling factor Settings]

2）在 [Title] 文本框中输入一个名称。

本例子用 "0.05" 作为名称

3）参照图 8-90 中的参数在界面中进行设置，如图 8-91 所示。

4）单击 [OK]。

[New scaling factor Settings] 关闭

[Scaling Displacement] 添加在树视图中的

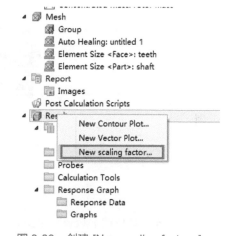

图 8-89　创建 [New scaling factor...]

[Study] > [Results] > [Scaling Factor] 下，名称在 [Title] 文本框中指定

| Item | Parameter |
| --- | --- |
| Title | 0.05 |
| Scale Factor | Equivalent |
| Factor | 0.05 |

图 8-90　Scale Factor 设置参数

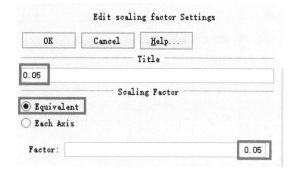

图 8-91　Scaling Factor 设置界面

5）单击工具按钮 [View Mesh Geometry] 🔲。

[View Original Model] 工具栏按钮🔲和 [View Scaled Displacement] 工具栏按钮🔻变为活动状态

6）单击工具按钮 [View Original Model] 🔲。

原始模型的红色轮廓出现在图形窗口中，如图 8-92 所示

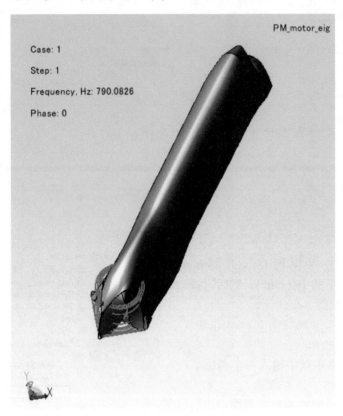

图 8-92　原始模型和模型在某一个频率下的模态视图

7）单击工具按钮 [View Scaled Displacement] 🔻。

缩放显示应用于树视图中的模型

8）在步骤滑块栏右侧的组合框中输入要显示的步骤编号，如图 8-93 所示。

图 8-93　输入指定步数

例如，图 8-94 显示了第 13 步的结果，固有频率显示在左上方

根据所使用的 JMAG-Designer 的版本，固有频率有可能存在几个百分点的差异。根据使用的 JMAG-Designer 的版本，变形的模型相位有可能会反转。当相位反转时，将相位滑块的值设置为 180，并确认结果。这样一来，即使变形的模型相位相反，物理意义也不会改变

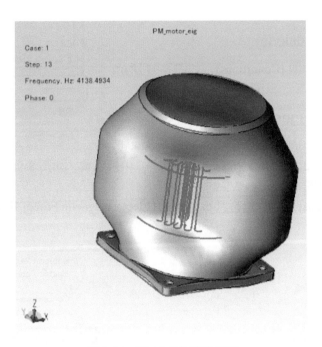

图 8-94　第 13 步结果的模型

## 8.12　复制 Study

1）右键单击树视图 [Solid Model: <DS_IPM_motor>] 下的 [Study: <Structural> <PM_motor_eig >]。

快捷菜单出现

2）选择 [Duplicate Study]。

[Duplicate Study] 对话框出现

3）根据图 8-95 对 Study 进行复制。

4）单击 [OK]。

在树视图 [Study: <Structural> <PM_motor_vib>] 下复制了 study，名称为 "PM_motor_vib"，如图 8-96 所示

| Item | Parameter |
| --- | --- |
| Title | PM_motor_vib |
| Study Type | Frequency Analysis (Structural) |

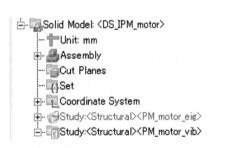

图 8-95　确定复制 Study 类型　　　　　　　图 8-96　Study 复制完成

## 8.13 条件设置

### 8.13.1 显示 [Conditions]

单击 [Toolbox] 中的 [Conditions]，如图 8-97 所示。

*可用的条件列表显示在 [Conditions] 中*

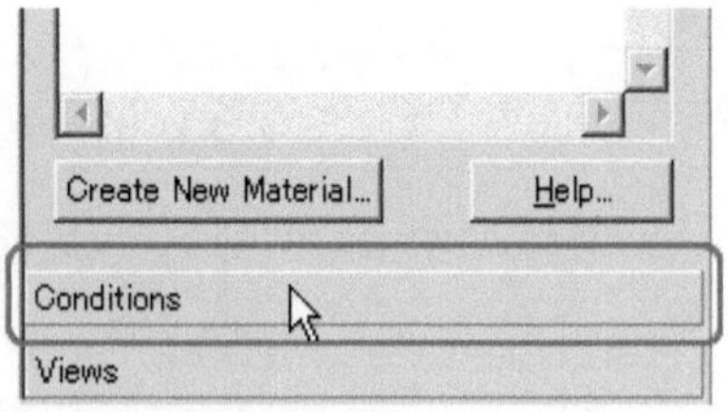

### 8.13.2 [Electromagnetic Force] 条件设置

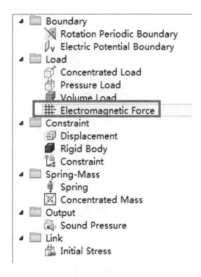

图 8-97 Conditions 条件设置

1）选择树视图 [Solid Model: <DS_IPM_motor>] >
[Assembly] 下的 [Case] 复选框。[Case] 在图形窗口中被隐藏，如图 8-98 所示。

2）单击工具按钮 [Isometric View] ⬡。

3）在 [Conditions] 列表中选择 [Load] 下的 [Electromagnetic Force] 条件，如图 8-99 所示。

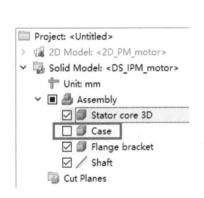

图 8-98 清除 [Case] 复选框

图 8-99 添加 [Electromagnetic Force] 条件

4）单击工具按钮 [Select Part]，如图 8-100 所示。拖放条件到图形窗口的"Stator core 3D"，具体如图 8-101 所示。

图 8-100 [Select Part] 工具

[Treeview] 选项卡切换到 [Control] 选项卡，并且 [Electromagnetic Force] 设置出现；被选择的零件出现在 [Parts] 列表中

5）在 [Title] 文本框中输入一个名称。

*本例使用"stator force"作为名称，如图 8-102 所示*

6）在 [Force Mapping Method] 中选择 [Direct Mapping]。

7）根据图 8-103 所示的参数对电磁力进行设置，具体界面如图 8-104 所示。

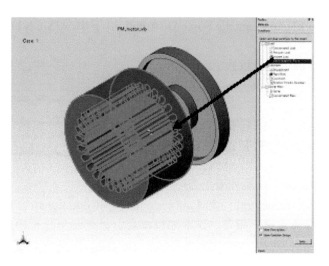

图 8-101 拖放条件至定子铁心

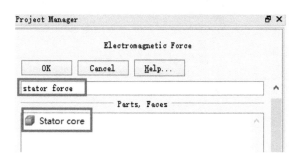

图 8-102 [Electromagnetic Force] 条件命名

| Item | Parameter |
|---|---|
| Result File Selection Type | Current Project |

图 8-103 结果文件类型

图 8-104 [Electromagnetic Force] 设置界面

8）在 [Reference Electromagnetic Force Distribution] 下单击 [Study] 的 [Browse] 按钮 。
[Select Study] 对话框出现

9）参照图 8-105 的值进行设置。

10）单击 [OK]。

[Select Study] 设置关闭

11）按照图 8-106 所示的详细参数，对 [Electromagnetic Force] 的条件进行设置。

12）单击 [OK]。

[Electromagnetic Force] 设置关闭

| Item | Parameter |
|---|---|
| Title | 2D_PM_motor_force |
| Analysis Type | 2D Transient Magnetic Field Analysis |

图 8-105　电磁场计算结果文件参数

在树视图 [Study: <Structural> <PM_motor_vib>] > [Conditions] 下添加 [Electromagnetic Force]，名称在 [Title] 文本框中指定。设置完成以后，树视图如图 8-107 所示

| Item | Parameter |
|---|---|
| Title | stator force |
| Force Mapping Method | Direct Mapping |
| Case | 1 |
| Result Type | Magnetic Field Result File |
| Type | Frequency |
| Frequency | 180(Hz) |
| FFT Resolution | 1 |
| Height | 60 (mm) |

图 8-106　[Electromagnetic Force] 条件设置参数

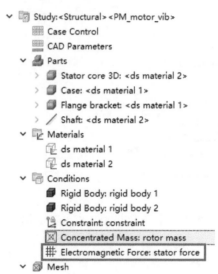

图 8-107　[Electromagnetic Force] 设置完成

## 8.13.3　[Sound Pressure] 条件设置

1）选择树视图 [Solid Model: <DS_IPM_motor>] > [Assembly] 下的 [Case] 复选框，如图 8-108 所示。

外壳显示在图形窗口中

2）先选择工具按钮 [Select Face]，如图 8-109 所示。然后选择 [Conditions] 列表中的 [Output] 下的 [Sound Pressure]。

3）将 [Sound Pressure] 条件拖放到图形窗口中 [Case] 的顶部，如图 8-110 所示。

[Treeview] 选项卡切换为 [Control] 选项卡，并且 [Sound Pressure] 设置出现。所选面出现在面列表中

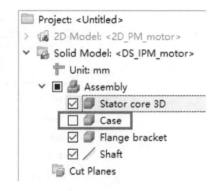

图 8-108　清除 Case 复选框

图 8-109 选择面工具

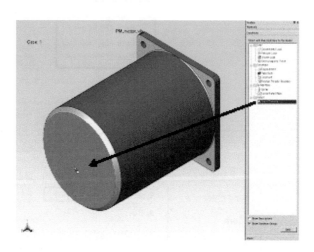

图 8-110 声压条件拖至外壳顶部

4）选择图 8-111 所示的"外壳"的两个曲面。

所选面以深色突出显示，选定的面将出现在 [Faces] 列表中。全部选择完成以后，如图 8-112 所示

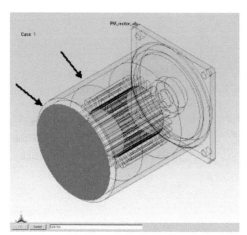

图 8-111 选择其余两个曲面

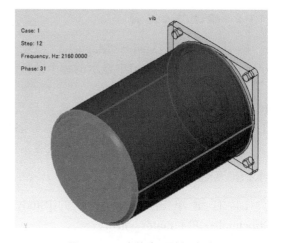

图 8-112 壳体表面选择完成

5）在 [Title] 文本框中输入一个名称。

本例使用"sound pressure"作为名称

6）根据图 8-113 所示的参数，对声压条件进行设置，设置界面如图 8-114 所示。

7）单击 [OK]。

[Sound Pressure] 设置关闭。在树视图 [Study: <Structural> <PM_motor_vib>] > [Conditions] 下添加了 [Sound Pressure]，名称在 [Title] 文本框中指定

| Item | | Parameter |
|---|---|---|
| Title | | sound pressure |
| Type | | Sphere |
| Radius | | 200 (mm) |
| Divisions | Latitudinal | 36 |
| | Circumferential | 36 |

图 8-113　声压条件设置参数

图 8-114　声压条件设置界面

## 8.13.4　确认条件设置

确认树视图 [Study: <Magnetic> <PM_motor_vib>] > [Conditions] 中显示的每个条件。

树视图 [Study: <Magnetic> <PM_motor_vib>] > [Conditions] 下显示的条件应该与图 8-115 一致。如果条件与图 8-115 不同，请按照第 8.13 节中所述的步骤指定正确的设置。

## 8.13.5　study 属性设置

1）右键单击树视图中的 [Study: <Structural> <PM_motor_vib>]。

快捷菜单出现

2）选择 [Properties]。

[Study Properties] 对话框显示

3）在 [Frequency Control] 选项卡中内容按图 8-116 所示参数进行设置。

4）选择 [Eigen Value]。

在 [Study Properties] 对话框中出现 [Parameter of Eigen Mode Analysis] 设置

5）按图 8-117 所示参数对固有频率进行设置。

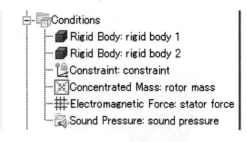

图 8-115　检查条件设置

| Item | Parameter |
|---|---|
| Number of Steps | 24 |
| Type | Frequency Interval |
| Frequency Step | 180 (Hz) |
| Start Frequency | 180 (Hz) |

图 8-116  计算频率设置

| Item | Parameter |
|---|---|
| Number of Eigenvalues | 45 |
| Start Frequency | 0 (Hz) |

图 8-117  固有频率参数设置

6）单击 [Solver]。

在 [Study Properties] 对话框中出现 [Solver Control] 设置

7）根据图 8-118 中参数要求对求解器进行设置。

8）单击 [Study] 的 [Browse] 按钮。

[Select Study] 对话框出现

9）选择图 8-119 中要求的 Study。

| Item | Parameter |
|---|---|
| Use Previous Eigenvalue Analysis Result | On |
| Result File Selection Type | Current Project |

图 8-118  求解器设置

| Item | Parameter |
|---|---|
| Title | PM_motor_eig |
| Analysis Type | 3D Eigenmode Analysis |

图 8-119  选择模态求解结果文件

10）单击 [OK]。

[Select Study] 对话框关闭

11）单击 [OK]。

[Study Properties] 对话框关闭

## 8.14　运行分析

1）右键单击树视图中的 [Study: <Structural> <PM_motor_vib>]。

快捷菜单出现

2）选择 [Run Active Case]。

分析开始运行，出现 [Run Analysis] 对话框

分析完成后，将显示 [Messages] 对话框，显示学习名称、网格信息、结果文件和计算文件夹的目录

[Results] 在树视图中的 [Study] 下添加，[Graphs]、[Section] 和 [Probes] 显示在 [Results] 下

3）确认 [Messages] 对话框的内容，然后单击 [Close]。

[Messages] 对话框关闭

## 8.15　结果显示

### 8.15.1　显示加速度分布

1）右键单击树视图 [Study: <Structural> <PM_motor_vib>] 下的 [Results]。

*快捷菜单出现*

2）选择 [New Contour Plot]，如图 8-120 所示。

*[Treeview] 选项卡切换为 [Control] 选项卡，并且 [Contour Plot] 设置出现*

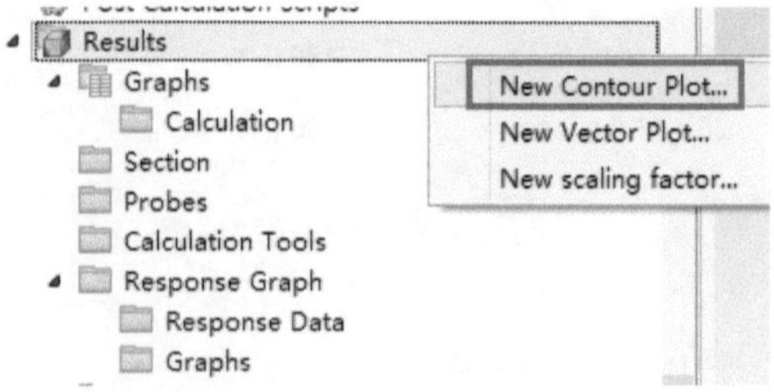

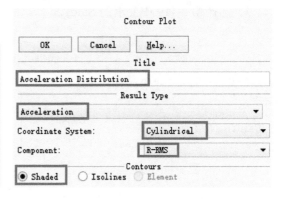

图 8-120　创建新的等高线图

3）在 [Title] 文本框输入一个名称。

*对于此示例，使用 "Acceleration Distribution" 作为名称*

4）根据图 8-121 所示的参数对加速度分布进行设置，具体的设置界面如图 8-122 所示。

| Item | Parameter |
|---|---|
| Title | Acceleration Distribution |
| Results Type | Acceleration |
| Coordinate System | Cylindrical |
| Component | R-RMS |
| Contours | Shaded |

图 8-121　加速度分布云图设置参数

图 8-122　加速度分布云图设置界面

5）单击 [OK]。

*[Contour Plot] 设置关闭*

*[Acceleration] 添加到树视图 [Study: <Structural> <PM_motor_vib>] > [Results] > [Contour Plots] 下*

6）单击工具按钮 [Display Contour Result] 📦。

*加速度分布轮廓图出现在图形窗口中*

7）在步骤滑块栏右侧的组合框中输入要显示的步骤编号。

*对于这个例子，使用步骤编号为 23，轮廓图结果如图 8-123 所示。*

8）单击工具按钮 [Display Contour Result] 📦。

*加速度分布轮廓图显示返回模型显示*

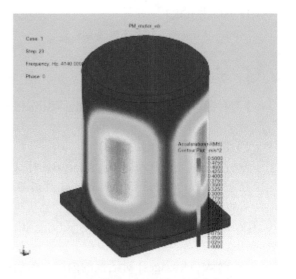

图 8-123　第 23 步下的加速度分布云图

### 8.15.2　显示声压分布

1）单击工具按钮 [View Mesh Geometry] 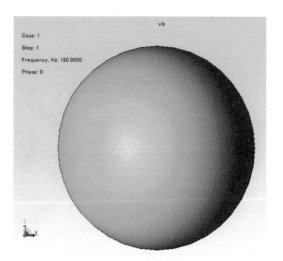。

在图形窗口中出现网格轮廓

2）在树视图中的 [Study: <Structural> <PM_motor_vib>] > [Mesh] 下勾选 [Shell] 复选框。

出现声压评估面，如图 8-124 所示

3）右键单击树视图 [Study: <Structural> <PM_motor_vib>] > [Results] 下的 [Contour Plots]。

快捷菜单出现

4）选择 [New Contour Plot]。

[Treeview] 选项卡切换为 [Control] 选项卡，并且 [Contour Plot] 设置出现

5）在 [Title] 文本框输入一个名称。

对于本例子，使用 "Sound Pressure Distribution" 作为名称

图 8-124　声压评估面

6）根据图 8-125 所示的参数对声压分布进行设置，具体的声压设置界面如图 8-126 所示。

| Item | Parameter |
| --- | --- |
| Title | Sound Pressure Distribution |
| Results Type | Sound Pressure Level |
| Contours | Shaded |

图 8-125　声压分布云图设置参数

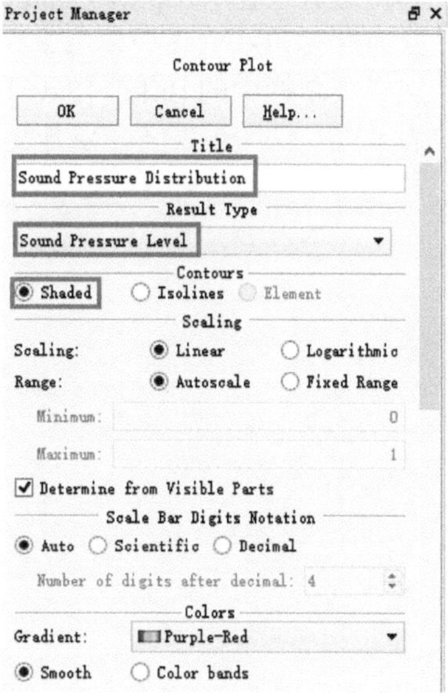

图 8-126　声压分布云图的设置界面

7）单击 [OK]。

[Contour Plot] 设置关闭

[Sound Pressure Level] 添加到树视图 [Study: <Structural> <PM_motor_vib>] > [Results] > [Contour Plots] 下，名称为 [Title] 文本框中指定的名称

8）单击工具按钮 [Display Contour Result] 。

*声压分布轮廓图显示在图形窗口中*

9）在步骤滑块栏右侧的组合框中输入要显示的步骤编号。

*对于本例子，步骤编号为 23，结果轮廓图如图 8-127 所示。*

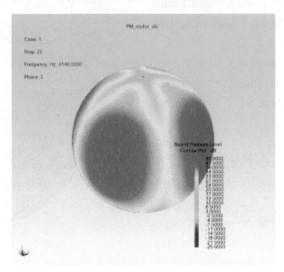

图 8-127　第 23 步下的声压分布云图

10）单击工具按钮 [Display Contour Result] 。

*声压分布轮廓图显示返回模型显示*

11）选择菜单栏中的 [File]>[Save]。

*保存在 STEP 4 中的 JMAG 项目文件（＊.jproj）将被覆盖*

JMAG-RT 是一种基于 JMAG-Designer 有限元法（FEM）分析结果来创建分析数据的工具，可用于电路 / 控制仿真。电路 / 控制仿真可使用基于等效电路的电机模型来分析电机的各种特性（几何结构、材料等），分析速度快但精度低。直接使用 JMAG-Designer 与控制电路耦合进行电机特性分析，求解精度高，但由于每一步计算都需要进行有限元分析，会导致分析时间过长。JMAG-RT 在进行快速电路 / 控制仿真的同时能够兼顾有限元分析的电机特性。JMAG-RT 在电机有限元分析结果中获得所需的电机参数（线圈磁链、电感、电阻等），为电路 / 控制仿真创建专用数据模型（以下称为 JMAG-RT 模型）。因此，在电路 / 控制仿真中，用户可使用 JMAG-RT 模型考虑电机特性（图 9-1）。JMAG-RT 模型创建完成之后可直接在控制电路中使用，在控制仿真时无须再次进行有限元分析。

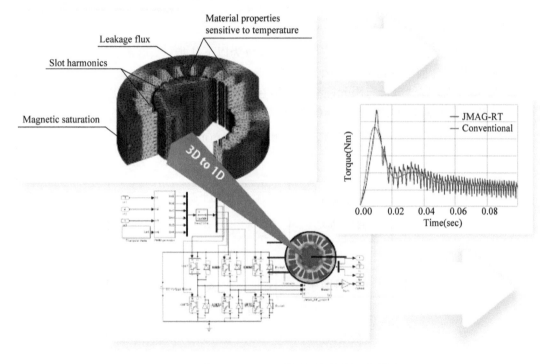

图 9-1　使用 JMAG-RT 模型进行控制系统仿真

## 9.1　JMAG-RT 支持模型

JMAG-RT 支持以下模型：①三相永磁同步电机；②两相步进电机（单极）；③线性电磁阀；④直线同步电机；⑤开关磁阻电机；⑥感应电机；⑦绕线磁极同步电机；⑧通用模型。

JMAG-Designer 中创建的任意有限元模型可使用 JMAG-RT 创建为通用模型。JMAG-RT 模型可在相应电路 / 控制仿真软件环境中应用，详见表 9-1（其中，"√"为支持，"—"为不支持）。

表 9-1　JMAG-RT 模型支持软件环境

| | JMAG | MATLAB/Simulink | PSIM | Program in C |
|---|---|---|---|---|
| 三相永磁同步电机 | √ | √ | √ | √ |
| 两相步进电机（单极） | √ | √ | √ | √ |
| 线性电磁阀 | √ | √ | √ | √ |
| 直线同步电机 | √ | √ | √ | √ |
| 开关磁阻电机 | √ | √ | — | √ |
| 感应电机 | √ | √ | — | — |
| 绕线磁极同步电机 | √ | √ | — | — |
| 通用模型 | √ | √ | — | — |

## 9.2　JMAG-RT 模型创建

### 9.2.1　创建流程

JMAG-RT 模型创建流程如图 9-2 所示，具体分为以下几步：

1）使用 JMAG 前处理器创建有限元模型。

2）使用磁场求解器分析有限元模型，之后在 JMAG-RT 模块中创建 JMAG-RT 模型。

3）在电路 / 控制仿真中使用 JMAG-RT 模型。

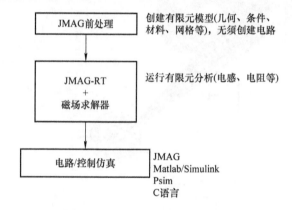

图 9-2　JMAG-RT 模型创建流程

### 9.2.2　创建 JCF 文件

以 24 槽 4 极三相永磁同步电机为例，创建 JCF 文件，电机 1/4 模型如图 9-3 所示。

在 JMAG Designer 中创建有限元模型文件和前文方法基本一致，以下只针对重点步骤进行说明。

如图 9-4 所示，创建有限元线圈条件，并且设置线圈绕线，指定电流区域和方向。Study 中无须设置外电路。创建三相永磁同步电机 JMAG-RT 模型需要设置 3 个有限元线圈条件，换向顺序为运动条件设置中的正方向。

如图 9-5 所示，设置旋转条件。旋转条件无须设置转速大小和初始相位角，只需要选择旋转零件、旋转中心和旋转方向。

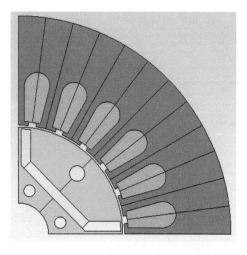

图 9-3　三相永磁同步电机 1/4 模型

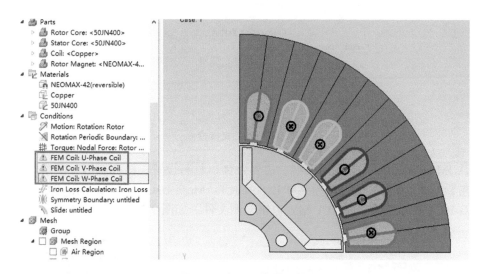

图 9-4　有限元线圈设置

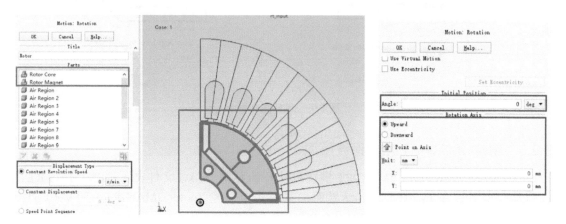

图 9-5　旋转条件设置

在需要考虑铁损影响时，添加铁损计算条件，如图 9-6 所示。铁损条件设置只需要选择铁损计算的零件，其余选项无须设置。

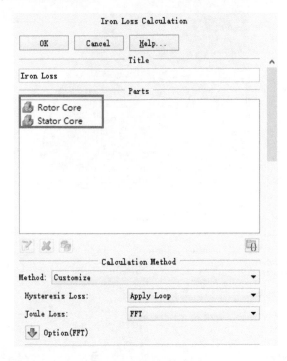

图 9-6 铁损条件设置

确认 JMAG Designer 的几何模型、边界条件、材料设置、线圈绕组、网格剖分等设置完成，在 Study 上单击右键，选择菜单 Export JCF->Mesh Data（或 Geometry Data），即可输出 JMAG-RT 模块支持导入的 JCF 格式电机模型文件，如图 9-7 所示。

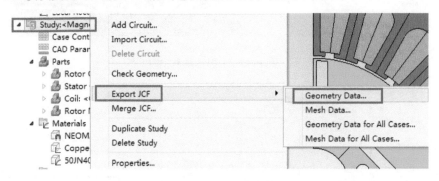

图 9-7 JCF 文件导出

### 9.2.3 创建 JMAG-RT 空间谐波模型

（1）启动 JMAG-RT　JMAG-RT 模块可从开始菜单 JMAG 文件夹下选择 JMAG-RT 图标启动，也可以在 JMAG-Designer 界面中选择主菜单栏 Tools->JMAG-RT（图 9-8）打开 JMAG-RT 设置界面（图 9-9）。

JMAG-RT 模型库管理器中各项含义描述见表 9-2 和表 9-3。

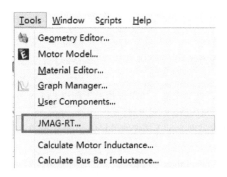

图 9-8　启动 JMAG-RT

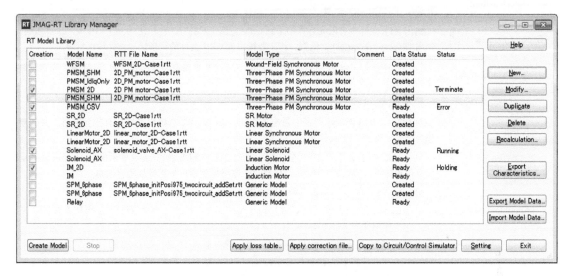

图 9-9　JMAG-RT 设置界面

表 9-2　JMAG-RT 模型库状态描述

| 项目 | 描　述 |
| --- | --- |
| [Creation] | 选定创建 JMAG-RT 模型的基础模型。单击底部的 [Create Model] 按钮，将对选中此复选框的模型执行有限元分析 |
| [Model Name] | JMAG-RT 基础模型名称，可在模型设置里的基础信息中修改 |
| [RTT File Name] | 基于基础模型创建的 JMAG-RT 模型名称。如果尚未创建 JMAG-RT 模型，则此项为空 |
| [Model Type] | 基础模型类型 |
| [Comment] | 模型注释，可在模型设置中基本信息中修改 |
| [Data Status] | [Ready]：尚未创建 JMAG-RT 模型<br>[Created]：已创建完成 JMAG-RT 模型 |
| [Status] | 创建 JMAG-RT 模型时，将显示以下几种状态：<br>[Holding]：等待创建<br>[Running]：正在创建 JMAG-RT 模型<br>[Terminate]：JMAG-RT 模型创建成功<br>[Error]：JMAG-RT 模型创建失败 |

表 9-3　JMAG-RT 模型库管理器按钮描述

| 按钮 | 描　　述 |
|---|---|
| [New] | 模型库管理器中增加基础模型。选择 [New] 按钮之后会弹出 [Model Type] 对话框，选择模型类型 |
| [Modify] | 修改基础模型设置。如果选择尚未创建 RTT 文件（.rtt）的 JMAG-RT 基础模型，单击 [Modify] 按钮后将显示设置对话框<br>如果选择已创建 RTT 文件的 JMAG-RT 基础模型，单击 [Modify] 按钮后将显示 [Question] 对话框 |
| [Duplicate] | 从 [RT Model Library] 列表中复制已有的 JMAG-RT 基础模型 |
| [Delete] | 删除在 [RT Model Library] 列表中选择的模型 |
| [Recalculation] | 选择已创建 RTT 文件的基础模型，修改电流等分辨率参数并执行有限元计算，结果更新并输出到 JMAG-RT 模型 |
| [Export Characteristics] | 输出 RTT 文件中有限元计算结果到 CSV 文件（.CSV）。单击 [Export Characteristics] 按钮，弹出 [Export Properties] 对话框，指定要输出到 CSV 文件的物理量和文件输出目录 |
| [Export Model Data] | 将 [RT Model Library] 列表中选择的 JMAG-RT 基础模型的数据导出为 JMAG-RT 库管理器文件（.jrt），该文件可在其他计算机中使用 |
| [Import Model Data] | 导入 JMAG-RT 库管理器文件（*.jrt） |
| [Create Model] | 对 [RT Model Library] 列表中勾选复选框的 JMAG-RT 基础模型执行有限元分析，并创建包含结果数据的 RTT 文件（.rtt） |
| [Stop] | 停止创建 RTT 文件（.rtt）。在 [RT model Library] 列表中 [Status] 显示为 [Running] 的基础模型停止分析，另外等待状态的 JMAG-RT 基础模型执行分析计划也将取消 |
| [Apply loss table] | 将 JMAG-Designer 分析得到的损耗数据添加到 RTT 文件中<br>单击 [Apply loss table] 按钮显示 [Apply loss table] 对话框，指定需要添加损耗表的 RTT 文件（.rtt）和损耗表文件（.csv） |
| [Apply correction file] | 将修正值应用于 RTT 文件中有限元分析得到的结果，如电感和转矩。单击 [Apply correction file] 按钮显示 [Apply Correction File] 对话框，指定需要修正的 RTT 文件（.rtt）和修正文件（.csv） |
| [Copy to Circuit/Control Simulator] | 将 RT 模型库中选中的 RTT 文件（.rtt）输出到指定文件夹，输出文件类型取决于平台的类型，如 Simulink 或 PSIM |
| [Setting] | 指定 JMAG-RT 数据存储文件夹。单击 [setting] 按钮将显示 [setting] 对话框，在 [Save Data to] 中选择数据保存文件夹 |
| [Exit] | 关闭 JMAG-RT 模块 |

（2）设置 JMAG-RT 数据保存路径　单击 Setting 按钮，设置 JMAG-RT 数据保存路径，此路径不包含中文字符，如图 9-10 所示。

（3）新建 JMAG-RT 模型　单击 New 按钮，在弹出的 [Model Type] 对话框中选择 [Three-Phase PM Synchronous Motor]，单击 [OK]，如图 9-11 所示。

（4）导入 JCF 模型　新建三相永磁同步电机 JMAG-RT 模型后，会弹出 [Select Motor Model] 设置面板，选择 RT 模型的有限元计算方法。此处选择 [Spatial Harmonic Model]，并导入相应的 JCF 文件，单击 [OK]。该 JCF 文件的存储路径不含中文字符，如图 9-12 所示。

（5）JMAG-RT 参数设置 -[Information] 选项卡　JMAG-RT 模型参数设置界面如图 9-13 所示，包含 [Information]、[Creat]、[Output Port]、[Motion] 和 [RT Correction]5 个选项卡。[Information] 选项卡为后续生成的 RTT 文件设置模型信息，该信息可在 JMAG-RT Viewer 模块中读取。

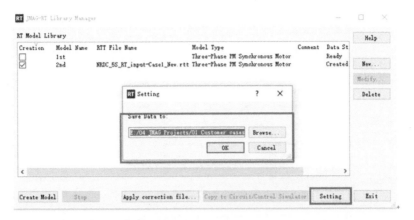

图 9-10　设置 JMAG-RT 数据保存路径

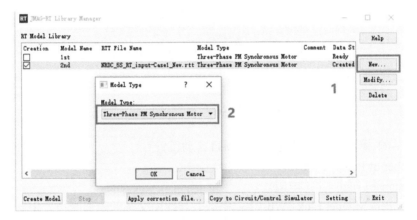

图 9-11　新建三相永磁同步电机模型

图 9-12　导入 JCF 文件

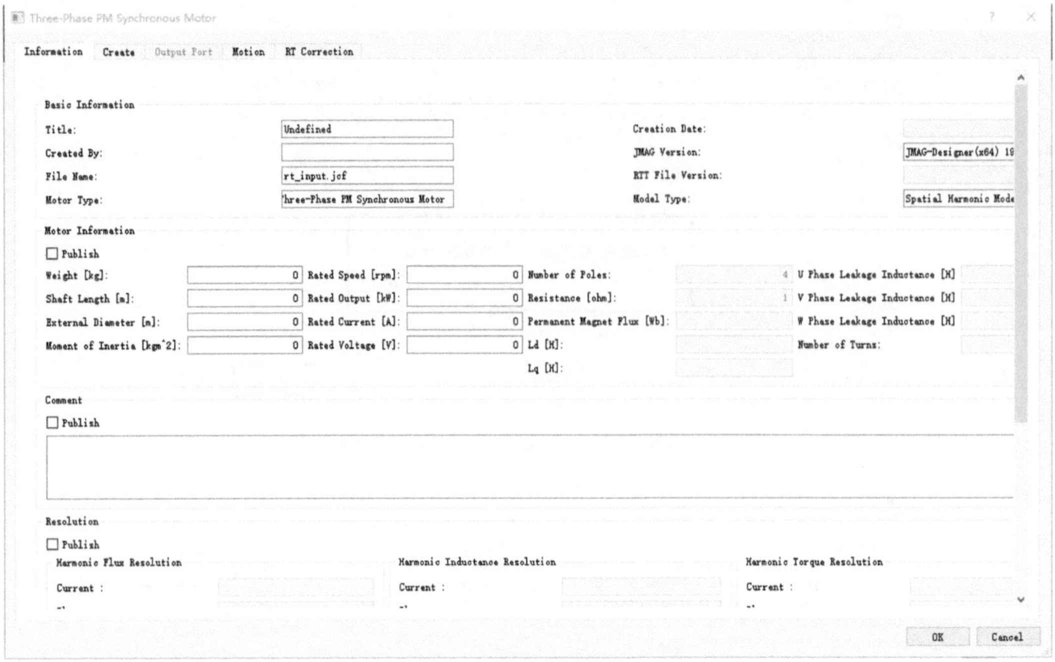

图 9-13　JMAG-RT 参数设置

在 JMAG-RT 模型创建完成后，以下项目自动设置：

- [Number of Poles]：极数。
- [Resistance（ohm）]：电阻。
- [Permanent Magnet Flux（Wb）]：空载时与线圈交链的磁通峰值，由式（9-1）计算

$$\psi_a = \psi_f \sqrt{(3/2)} \qquad (9\text{-}1)$$

式中，$\psi_a$ 是 JMAG-RT 模型中永磁体的磁通值（Wb）；$\psi_f$ 是每相永磁体电枢磁链的最大值。

- [Ld（H）]、[Lq（H）]：d/q 电感平均值，在 Simulink 环境下 .JMAG-RT 模型设置参数 [Accuracy Type] 中选择 [LdLq（Constant）] 选项时，此电感值可用于电路 / 控制仿真。
- [U Phase Leakage Inductance（H）]：U 相漏电感（H）。
- [V Phase Leakage Inductance（H）]：V 相漏电感（H）。
- [W Phase Leakage Inductance（H）]：W 相漏电感（H）。
- [Resolution]：计算采样分辨率，与 [Create] 选项卡中的设置相关，如图 9-14 所示。

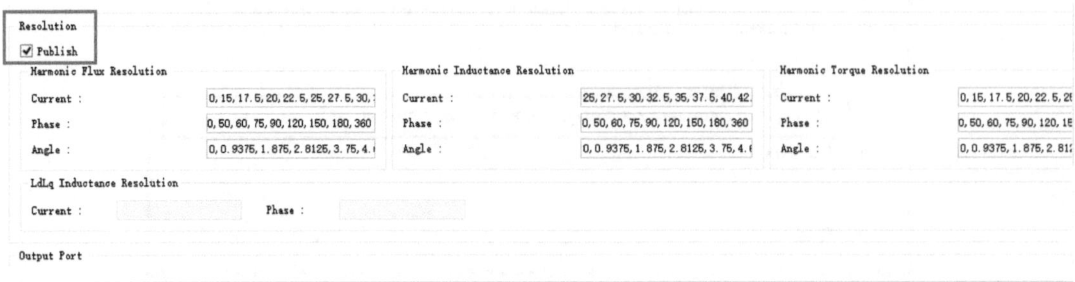

图 9-14　计算采样分辨率

（6）JMAG-RT 参数设置 -[Creat] 选项卡

1）电机模型修改。单击 [Change Model] 按钮，可以将模型类型更改为 dq 电感模型或者空间谐波模型，如图 9-15 所示。

图 9-15 更改模型类型

2）极数设置。JMAG-RT 会根据导入的 JCF 文件自动生成极数，用户也可手动修改此数值，如图 9-16 所示。

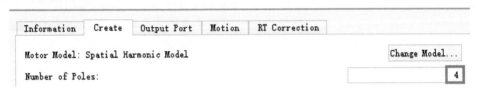

图 9-16 极数设置

3）有限元线圈设置。有限元线圈设置界面如图 9-17 所示。

```
Configuration of FEM Coil
U-Phase:                              1 U-Phase Coil      ∨
V-Phase:                              2 V-Phase Coil      ∨
W-Phase:                              3 W-Phase Coil      ∨
Number of Turns:                                        35
Connection Pattern:                   Y-connection        ∨
Resistance [ohm]:                                        1
U Phase Leakage Inductance [H]:                          0
V Phase Leakage Inductance [H]:                          0
W Phase Leakage Inductance [H]:                          0
```

图 9-17 有限元线圈设置界面

首先进行相序设置。[U-Phase]、[V-Phase]、[W-Phase] 为电流相序，右侧下拉箭头为有限元线圈条件选择，应使三相依次对应。[Number of Turns] 为单个线圈匝数。[Connection Pattern] 为连接方式，可设置为星形连接或者三角形连接。在 Simulink 中使用 JMAG-RT 模块时，需要重新设置连接方式，此处设置不使用。[Resistance] 表示每相电阻。[U Phase Leakage Inductance]、[V Phase Leakage Inductance] 和 [W Phase Leakage Inductance] 表示三相漏电感。输入 JCF 文件中有限元线圈设置的 [Leakage Inductance] 文本框中的值为漏电感的默认值。

4）电流设置。电流设置界面如图 9-18 所示。

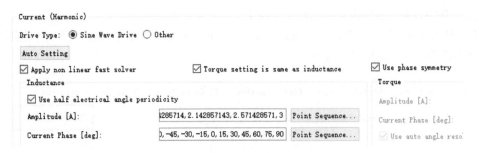

图 9-18 电流设置界面

- [Drive Type]：驱动类型选择，通常输入电流设置为正弦电流。
- [Auto Setting]：单击 [Auto Setting] 按钮将显示 [auto setting] 对话框。在 [Rated Current [A] ] 文本框中输入额定电流值，对 [Inductance] 中的电流幅值和相位进行设置。额定电流值最小可设置为 0.1A。电流幅值设置范围最小为额定电流，最大为额定电流的 3 倍，并将此范围划分 7 等份。电流相位角按照从 0°~360°，间隔 15° 设置。通常不使用自动设置，如图 9-19 所示。

图 9-19 电流自动设置

- [Apply non linear fast solver]：使用非线性快速求解器。如果勾选 [Apply non linear fast solver]，则在创建 JMAG-RT 模型时，JMAG-RT 输入 JCF 文件中非线性计算设置的收敛容差可能被忽略，因此通常情况下不勾选。
- [Torque setting is same as inductance]：使用相同数据点计算电感和转矩，可勾选该功能，此时不能设置 [Torque] 下方数据点。电感计算和转矩计算使用相同的电流幅值和相位。
- [Use phase Symmetry]：勾选该功能，则电流相位角设置范围为 −90°~90°，90°~270° 之间的计算结果通过后处理得到，从而减少计算量。不勾选该功能，电流相位角设置范围为 0°~360°。

5）电感计算参数设置。电感计算参数设置界面如图 9-20 所示。

- [Use half electrical angle periodicity]：每相电感周期为 1/2 电角度周期时，可勾选此选项。在创建 JMAG-RT 模型时可以减少计算时间。
- [Use auto angle resolution setting for saving time]：勾选此选项，则 JMAG-RT 模型生成时有限元计算仅在 1/6 电周期内执行。有限元计算执行完成后，软件将 1/6 电周期计算结果扩展为一个电周期写入 RTT 文件中，从而缩短创建 RTT 文件的时间。选择此选项后，机械角度计算范围和机械角度分辨率将按照以下公式进行计算

$$R = \frac{2 \times 360}{P} \times \frac{1}{6} \qquad (9\text{-}2)$$

$$\theta_{new} = \frac{R}{\left[\dfrac{R}{\theta_{in}}\right]} \qquad (9\text{-}3)$$

式中，$\theta_{in}$ 是 [Mechanical Angle Resolution（deg）] 选项中输入的机械角度分辨率；$\theta_{new}$ 是自动调整后的机械角度分辨率；$P$ 是极数；$R$ 是机械角度计算范围；公式中的中括号 [ ] 代表天花板函数。

```
Inductance
☑ Use half electrical angle periodicity
Amplitude [A]:                    [                    ]    Point Sequence...
Current Phase [deg]:              [                    ]    Point Sequence...
☑ Use auto angle resolution setting for saving time
* If you turn on the auto setting, entered angle will be used as a guide.
Mechanical Angle Resolution [deg]:  [                3 ]
```

图 9-20　电感计算参数设置界面

有限元模型中气隙部分的网格沿旋转轴对称时，可使用 [Use auto angle resolution setting for saving time] 功能。对于非对称网格的有限元模型，计算精度会降低。[Use half electrical angle periodicity]、[Use auto angle resolution setting for saving time] 选项和计算周期的关系见表 9-4。

表 9-4　周期关系

| Use half electrical angle periodicity | Use auto angle resolution setting for saving time | Mechanical angle calculation range of inductance | Mechanical angle calculation range of torque |
|---|---|---|---|
| OFF | OFF | 1 周期 | 1 周期 |
| ON | OFF | 1/2 周期 | 1/2 周期 |
| OFF | ON | 1/2 周期 | 1/6 周期 |
| ON | ON | 1/2 周期 | 1/6 周期 |

- [Amplitude（A）]：单击 [Point Sequence] 设置电流幅度的点序列。
- [Current Phase（deg）]：单击 [Point Sequence] 设置电流相位的点序列。

当电流分辨率和 [Max] 值的比值小于 $1.0 \times 10^{-4}$ 时，计算可能会出现错误，此时需要调整 [Max] 值、[Min] 值或者 [Divisions]。分辨率由 [Max] 值减去 [Min] 值除以 [Divisions] 得到。

6）转矩计算参数设置。转矩计算参数设置界面如图 9-21 所示。

转矩参数设置与电感参数设置相同。如果计算转矩时的电流幅值、相位以及分辨率都和电感相同，那么直接勾选 [Torque setting is same as inductance] 选项。

- [Calculate Rotation Angle from the Number of Poles]：选择此选项，软件可以根据极数计算转矩脉动的周期性，从而自动计算一个周期（机械角度）的角度。未选择 [Calculate

Rotation Angle from the Number of Poles] 时，用户需要在 [Periodic Angle（deg）] 文本框中指定一个周期角度（机械角度）。

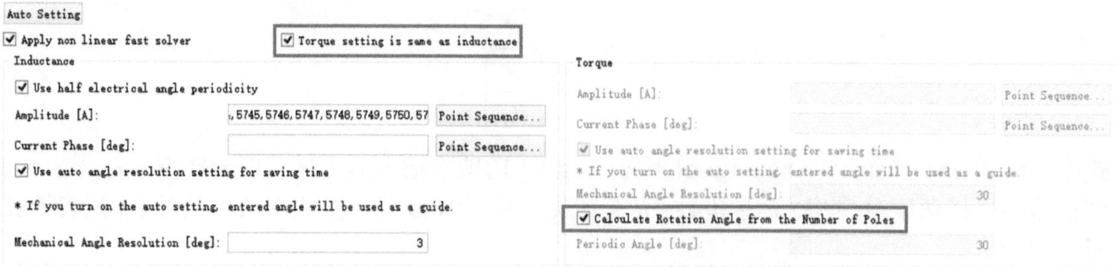

图 9-21　转矩计算参数设置界面

7）铁损计算参数设置。计算铁损时，需要勾选 [Allow Iron Loss] 选项，JCF 模型中应包含铁损计算条件，如图 9-22 所示。

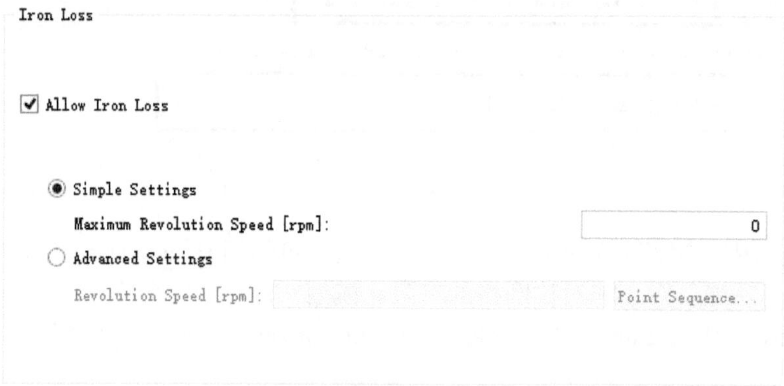

图 9-22　铁损计算参数设置界面

- [Simple Settings]：[Maximum Revolution Speed（rpm）] 设置最高转速。模型计算过程将使用最高转速除以 5 的速度作为增量。例如，[Maximum Revolution Speed（rpm）] 设置为 3600r/min，则模型创建过程将使用 720r/min、1440r/min、2160r/min、2880r/min 和 3600r/min 的转速。
- [Advanced Settings]：单击 [Point Sequence] 按钮，显示 [Point Sequence] 对话框，输入转速点序列。单击 [Create Point Sequence] 按钮，显示 [Create Point Sequence] 对话框。指定最小值 [Min]、最大值 [Max] 和划分 [Division]，生成转速点序列。

8）分布式计算设置。分布式计算设置界面如图 9-23 所示。

9）设定有限元计算方法。

- [Local Execution]：使用当前计算机运行 JMAG-RT 计算。在 [Number of Processes] 文本框中输入并行执行的进程数，此处与许可证数量相关。
- [Use Distributed Calculation]：使用同一网络内的其他计算机运行 JMAG-RT 计算。从 [CPU Group Name] 中选择 "Management server name + CPU group name" 或者具备 SSH 连接的远程计算机名称。远程运行 JMAG-RT 计算时，必须设置 JMAG 远程系统或 SSH 连接。

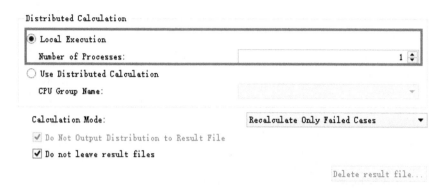

图 9-23　分布式计算设置界面

10）运行计算。JMAG-RT 模型设置完成之后，单击 [OK]，返回 JMAG-RT 模型管理器界面，如图 9-24 所示。

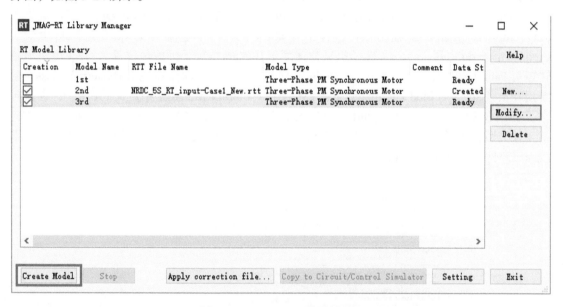

图 9-24　JMAG-RT 模型管理器

单击 [Create Model] 进行运行计算。计算完毕后，[Data Status] 中会显示为 "Created"，并且 JMAG-RT 模型文件（.rtt 文件）会自动保存到设置的保存路径中。

## 9.3　JMAG-RT 模型与 Simulink 的联合仿真分析

### 9.3.1　Simulink 环境下 JMAG-RT 模型的使用介绍

JMAG-RT 能够导出三种模型应用于 Matlab/Simulink 中，分别为 JMAG-RT-pmsm、JMAG_RT_pmsm_Vin 和 JMAG_RT_pmsm_lin，如图 9-25 所示。第一种模型提供的是电气信号接口，可以与 Simulink 中的 simPowersystems 模块连接。第二种模型提供的是电压输入信号的接口。第三种模型提供的是电流输入信号的接口。

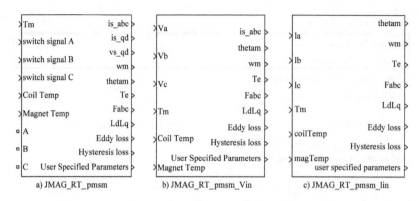

图 9-25　JMAG-RT 电机模型

下面以第一种 JMAG-RT 电机模型为例，解释电机的端口信号。图 9-26 所示为参数对话框，输入端口包含了 Tm（机械负载转矩）、switch signal A 与 switch signal B 以及 switch signal C（ABC 三相电路的状态，1 表示闭合，0 表示开路）、CoilTemp（线圈温度）、MagTemp（磁体温度）；输出端口包含了 is_abc（三相定子电流）、is_qd（定子 dq 电流）、vs_qd（定子 dq 电压）、wm（转子机械角速度）、thetam（转子机械角位置）、Te（电机电磁转矩）、Fabc（线圈磁链）、LdLq（线圈 dq 电感）、Eddy loss（涡流损耗）、Hysterysis Loss（磁滞损耗）、User Specified Parameters（在 JMAG-RT Library Manager 中定义的参数）；参数包含了 JMAG-RT 文件名（在 inputd.m 中事先定义好，文件后缀名为 .rtt）、Accuracy type（包括 4 种类型：①考虑到磁路饱和对 LdLq 的影响；②简单考虑了空间谐波；③包含了空间谐波与磁路饱和；④常数的 LdLq）等。

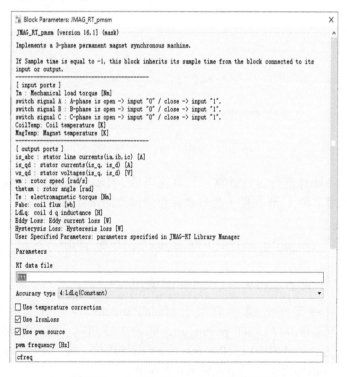

图 9-26　JMAG_RT_pmsm 参数对话框

### 9.3.2  矢量控制下的 JMAG-RT 电机仿真系统

*1. SIMULINK 仿真文件介绍*

以某 10kW 永磁同步电机 JMAG-RT 模型（RTML013 编号）为例，相关文件及电机参数解释如下。

1）10k_S_D_IV.rtt 文件：这是 JMAG-RT 模型数据文件，包含了 JMAG 有限元分析的数据，如电感、转矩等。

2）Inputd.m 文件：这是电机调速系统的参数文件，在 SIMULINK 中运行模型文件之前需要在 MATLAB 环境下先运行该文件，以便对变量进行初始化。

3）RT_Simulink.mexw64 文件：这是供 MATLAB 使用的二进制 MEX 文件。

4）RT_constantspeed.slx 文件：供 SIMULINK 进行仿真的模型文件，里面使用了电机的 JMAG_RT_pmsm 模型。

5）RT_VoltageSignal.slx 文件：供 SIMULINK 进行仿真的模型文件，里面使用了电机的 JMAG_RT_pmsm_Vin 模型。

10kW 仿真用永磁同步电机调速系统，参数如下：磁极数 $numP = 6$，工作转速 $N = 1200\text{r/min}$；电感参数 $L_d = 6.62 \times 10^{-4}\text{H}$，$L_q = 1.32 \times 10^{-3}\text{H}$；永磁磁链 $fai = 4.92 \times 10^{-2}\text{Wb}$；逆变器直流电压 $vol = 240\text{V}$；电流矢量幅值 $Ia_{mp} = 84.8\text{A}$，电流矢量相角 Beta = 45°；电流控制器带宽 $w_c = 500\text{rad/s}$；相电阻 $R = 0.013\Omega$；转动惯量 $8.42 \times 10^{-4}\text{kg} \cdot \text{m}^2$；摩擦系数 $D=0.00001\text{N} \cdot \text{m/（rad/s）}$；逆变器开关频率 $c_{\text{freq}} = 6 \times 10^3\text{Hz}$；仿真模型的步长 $samp = 1 \times 10^{-6}\text{s}$。

*2. 仿真模型介绍*

下面针对 RTML013 电机的 RT_VoltageSignal.slx 文件进行仿真，打开后如图 9-27 所示。

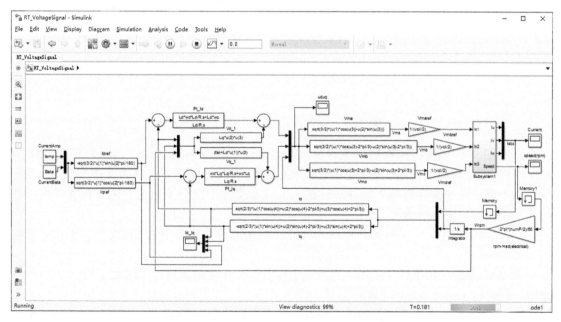

图 9-27  JMAG-RT 电机调速系统仿真模型界面

图 9-27 中左侧为电流指令单元（CurrentAmp 提供电流指令的幅值、CurrentBeta 提供

电流矢量的相位角，它们在一起经过 $I_{dref}$ 与 $I_{qref}$ 后产生 $I_d$ 与 $I_q$ 的指令值）、$dq$ 电流的 PI 调节器（图中采用的是传递函数，即 PI_Id、PI_Iq）、$dq$ 电压解耦单元（Vd_1、Vq_1）、三相电压指令生成单元（即图中的 Vma、Vmb、Vmc 3 个 SIMULINK Fcn 函数模块）、子系统 Subsystem1（包含 PWM 发生器、逆变器功率电路和 JMAG-RT 永磁同步电机模型）、rpm->rad 将转速转换成电角速度并且经过积分器（Integrator）后得到了转子的电角位置、Id 与 Iq 2 个 Fcn 模块计算出 $I_d$ 与 $I_q$ 的反馈值用来完成两路电流的闭环控制。

图 9-27 中 Subsystem1 子系统的内部结构如图 9-28 所示。图中的 JMAG_RT_pmsm_Vin1 是前述的 JMAG-RT 电机模型（电压信号输入类型），图中的 2 个 scope 模块（名称分别为 Torque 与 IronLoss）用来观看转矩与铁耗波形。图 9-28 中的 Triangular wave 子系统用来产生三角波，内部结构图如图 9-30 所示。图 9-28 中的 PWM generator 子系统用来产生三相 PWM 信号，内部结构图如图 9-31 所示。

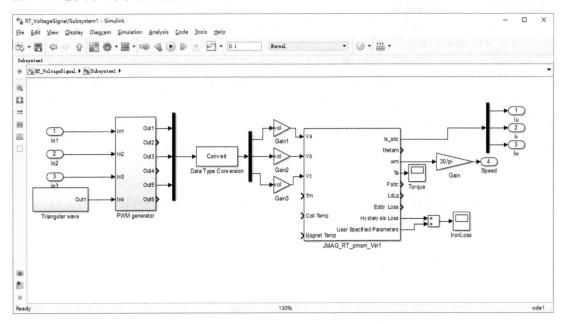

图 9-28　Subsystem1 子系统内部结构

双击图 9-28 中电机模块后出现的参数设置对话框如图 9-29 所示。里面的变量（Rtt 为 JMAG-RT 电机模型文件名、$c_{freq}$ 为 PWM 开关频率、$J$ 为转动惯量、$D$ 为摩擦系数、$R$ 为定子一相电阻、$N$ 为参考转速）均在前述的 Inputd.m 文件中进行了赋值，因此该文件必须在仿真文件执行前进行初始化。

图 9-30 中利用 2 个 Fcn 函数模块来计算出三角波信号，图中的 Clock 模块提供了当前的时间。

图 9-31 中的三相电压（采用了直流侧电压的一半作为基值进行了优化）与图 9-30 的三角波一起获得了共计 6 路的 PWM 信号。

图 9-32 所示为本仿真文件的仿真环境，仿真时间从 0.0（Start time）到 0.1（Stop time），单位为 s。在求解器计算中，采用了恒定步长（Fixed-step）的欧拉方法 [ode1（Euler）]，步长 samp 也是在 Inputd.m 数据文件中进行了定义，故而需要在运行仿真文件之前先在 MATLAB 的 [command windows] 窗口中运行 m 数据文件。

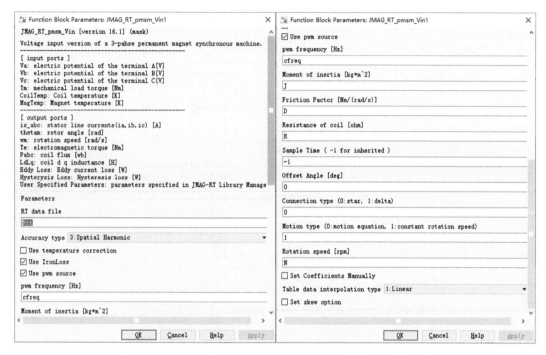

图 9-29　JMAG_RT_pmsm_Vin 电机参数对话框

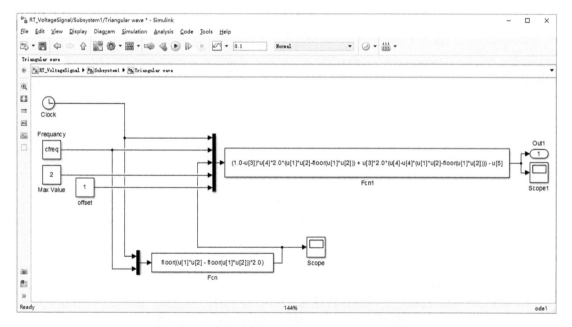

图 9-30　三角波发生器（Triangular wave）内部结构

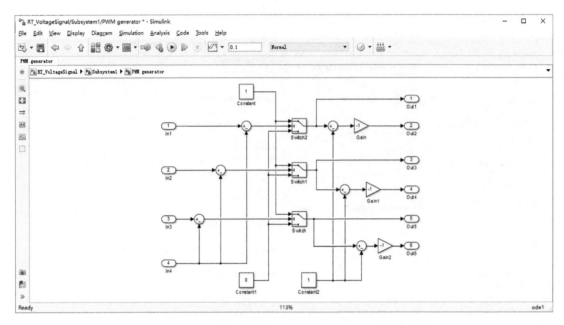

图 9-31 PWM 发生器（PWM generator）子系统内部结构

图 9-32 仿真环境设置对话框

3. 仿真波形对比及其与理想电机参数

（1）考虑空间谐波的电机模型在转速为 120r/min 下的仿真波形 图 9-33 所示分别是 *dq* 轴定子电压与电流波形，可以看出 *dq* 电压在稳态情况下是有一些明显波动的。

图 9-34 所示分别为三相定子电流与转速波形。

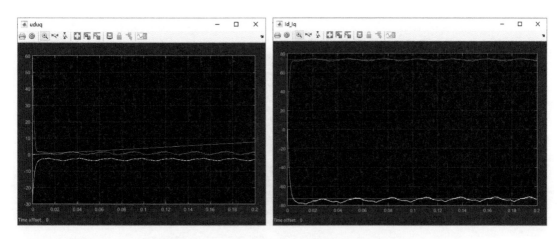

图 9-33 $u_d$、$u_q$ 波形与 $i_d$、$i_q$ 波形（120r/min）

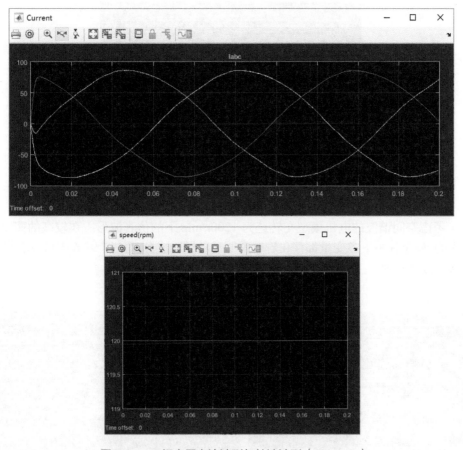

图 9-34 三相定子电流波形与转速波形（120r/min）

图 9-35 所示分别为电机转矩波形与铁耗波形。可以看出，转矩中存在非常明显的谐波转矩脉动，铁耗波形中也存在着对应的脉动成分。

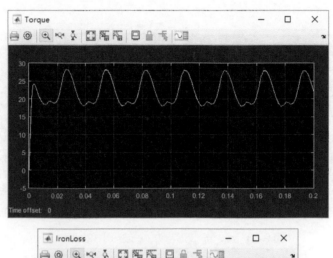

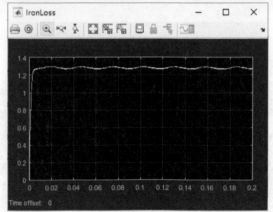

图 9-35　电机转矩波形与铁耗波形（120r/min）

（2）考虑空间谐波的电机模型在转速为 1200r/min 下的仿真波形　在较高的速度下，电机运行中的 $dq$ 坐标系下各变量都存在着非常明显的脉动成分。从图 9-36 中可以看出，$i_d$、$i_q$ 中的脉动成分比较大。

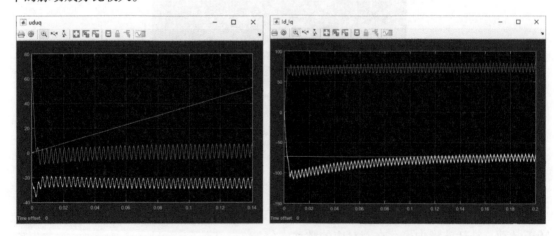

图 9-36　$u_d$、$u_q$ 波形与 $i_d$、$i_q$ 波形（1200r/min）

电机模型中设置为恒定速度，故而图 9-37 中的速度恒定为 1200r/min 不变，但是电流已经不是比较理想的正弦波形了。

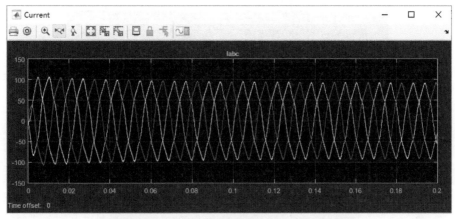

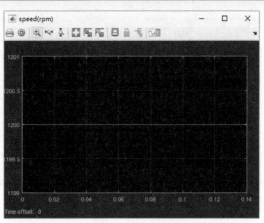

图 9-37　三相定子电流波形与转速波形（1200r/min）

　　从图 9-38 中可以看出，转矩脉动成分的比重非常大，这会产生比较严重的振动问题。

　　（3）恒定 $L_d$、$L_q$ 的电机模型在转速为 1200r/min 下的仿真波形　图 9-39 所示为采用恒定 $L_d$、$L_q$ 的电机模型在 1200r/min 转速下的仿真波形。可以看出与考虑空间谐波的仿真结果相比，恒定 $L_d$、$L_q$ 下仿真的结果中，$dq$ 轴变量都是比较平稳的，没有明显的脉动。

　　三相电流也都是比较理想的正弦波形，如图 9-40 所示。

　　图 9-41 所示为恒定 $L_d$、$L_q$ 下的电机转矩与铁耗波形。两者与图 9-38 中对应变量的均值基本吻合，但是脉动成分已经几乎没有了。

　　考虑到空间谐波和磁场的饱和情况后，电机的 $L_d$、$L_q$ 会发生周期性的变化，$dq$ 轴电流以及相应的 $dq$ 轴电压均存在对应的周期变化的分量，除了在电机设计中需要考虑以外，还需要改进电机的控制策略，对这些明显的脉动成分进行抑制。图 9-42 所示为考虑空间内谐波的电机模型输出的 $L_d$、$L_q$ 变化波形。

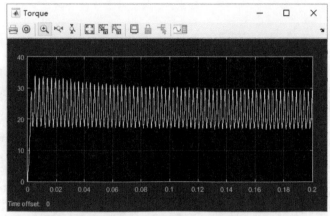

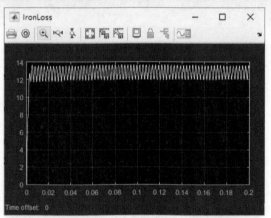

图 9-38　电机转矩波形与铁耗波形（1200r/min）

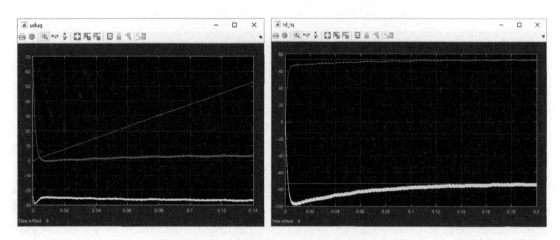

图 9-39　$u_d$、$u_q$ 波形与 $i_d$、$i_q$ 波形（恒定 $L_d$、$L_q$）

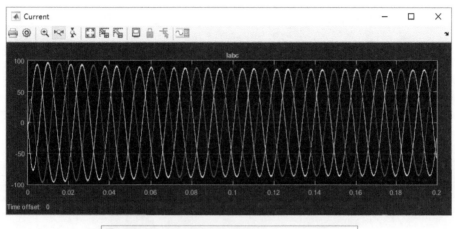

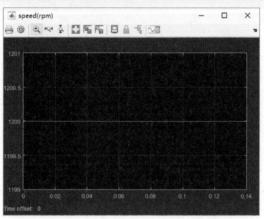

图 9-40　三相定子电流波形与转速波形（恒定 $L_d$、$L_q$）

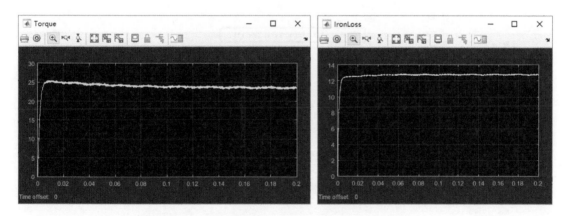

图 9-41　电机转矩波形与铁耗波形（恒定 $L_d$、$L_q$）

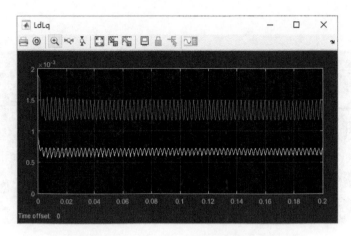

图 9-42　$L_d$、$L_q$ 仿真波形图

## 9.4　JMAG-RT Viewer

### 1. 导入 RTT 文件

开始菜单中打开 JMAG-RT Viewer 模块，单击 File-Open，在相应的 RT-DATA 目录下选中 RTT 文件，即可打开 JMAG-RT 模型文件，如图 9-43 所示。

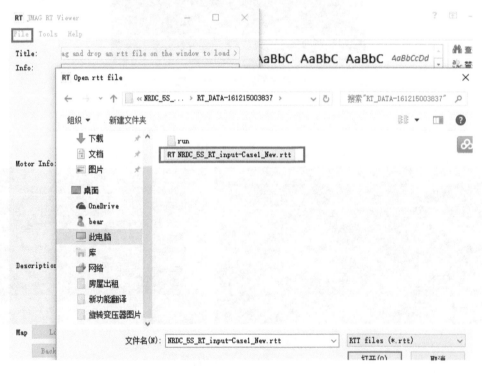

图 9-43　导入 RTT 文件

## 2. 显示 Map 图

JMAG-RT Viewer 设置界面如图 9-44 所示。

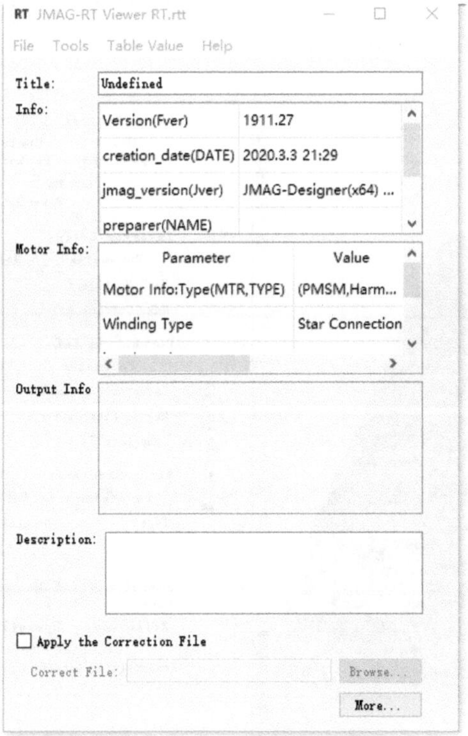

图 9-44　RT-Viewer 设置界面

其中 Title 为 RTT 文件名称，Info、Motor Info、Output Info 为模型相关信息。在 RT-Viewer 面板上单击 [More] 会弹出如图 9-45 所示的效率 Map 设置面板。

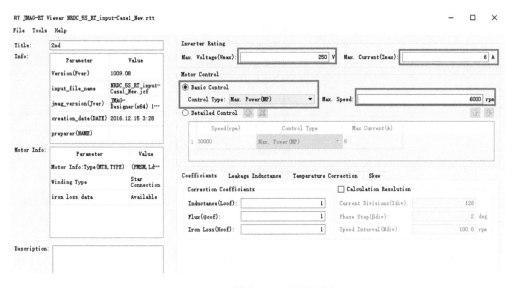

图 9-45　效率 Map 设置面板

需要设置的主要参数有最大相电压、最大相电流、最大计算转速和电机的控制方式（如最大功率控制方式、最大转矩/电流比控制方式等）。参数设置完成之后单击下方效率图按钮⊡进行效率图创建，结果如图 9-46 所示。单击效率图左上角 [Display] 按钮，可以改变效率图显示类型，如图 9-47 所示。

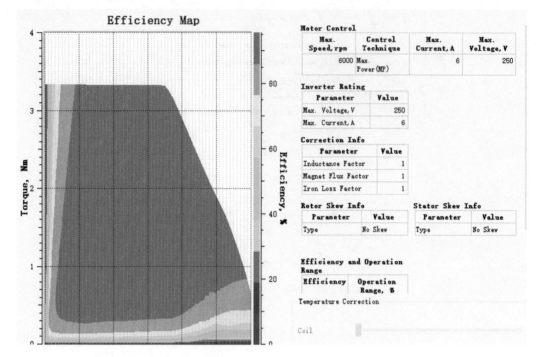

图 9-46　效率 Map 结果

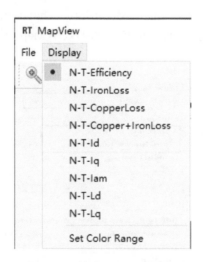

图 9-47　效率 Map 显示类型

单击下方的 *N-T* 曲线按钮⊡，即可显示图 9-48 所示的电机 *N-T* 曲线。单击 *N-T* 曲线中左上角 [Dsiplay] 按钮，可以改变 *N-T* 曲线显示类型，如图 9-49 所示。

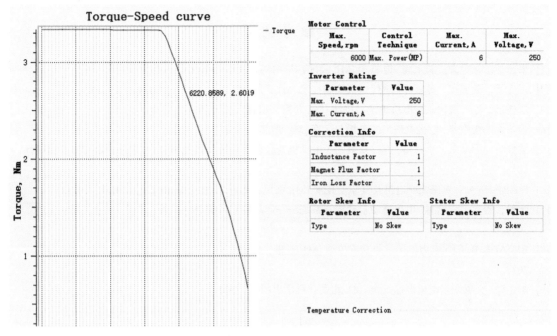

图 9-48 *N-T* 曲线结果

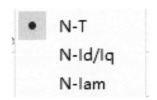

图 9-49 *N-T* 曲线显示类型

# 参 考 文 献

[1] 辜承林，陈乔夫，熊永前.电机学 [M].武汉：华中科技大学出版社，2010.

[2] 王成元，夏加宽，孙宜标.现代电机控制技术 [M].2 版.北京：机械工业出版社，2014.

[3] 唐任远，等.现代永磁电机理论与设计 [M].北京：机械工业出版社，2016.

[4] 汤蕴璆，梁艳萍.电机电磁场的分析与计算 [M].北京：机械工业出版社，2018.

[5] 袁登科，徐延东，李秀涛，等.永磁同步电动机变频调速系统及其控制 [M].北京：机械工业出版社，2015.

[6] R KRISHNAN.永磁无刷电机及其驱动技术 [M].柴凤，等译.北京：机械工业出版社，2013.

[7] 阮毅，杨影，陈伯时.电力拖动自动控制系统——运动控制系统 [M].5 版.北京：机械工业出版社，2016.

[8] BIMAL K B.现代电力电子学与交流传动 [M].王聪，赵金，于庆广，等译.北京：机械工业出版社，2013.

[9] 李崇坚.交流同步电机调速系统 [M].北京：科学出版社，2007.